物质构成的化学

MAGICAL CHEMISTRY

生物化学
奇遇记

徐东梅◎编著

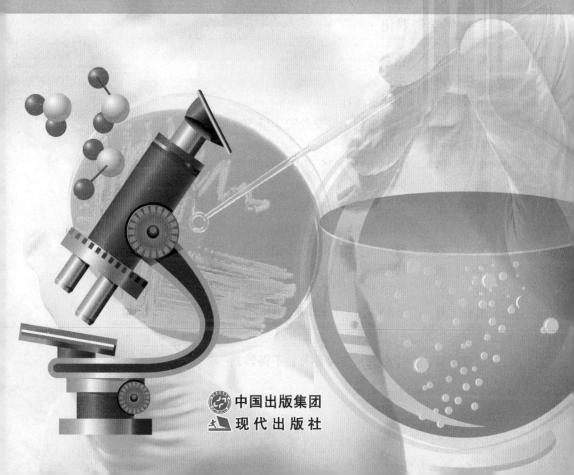

中国出版集团
现代出版社

图书在版编目（CIP）数据

生物化学奇遇记／徐东梅编著．—北京：现代出
版社，2012.12 （2024.12重印）
　（物质构成的化学）
　ISBN 978 - 7 - 5143 - 0967 - 6

　Ⅰ.①生… Ⅱ.①徐… Ⅲ.①生物化学 - 青年读物
②生物化学 - 少年读物 Ⅳ.①Q5 - 49

中国版本图书馆 CIP 数据核字（2012）第 275547 号

生物化学奇遇记

编　　著	徐东梅
责任编辑	李　鹏
出版发行	现代出版社
地　　址	北京市朝阳区安外安华里 504 号
邮政编码	100011
电　　话	010 - 64267325　010 - 64245264（兼传真）
网　　址	www. xdcbs. com
电子信箱	xiandai@ cnpitc. com. cn
印　　刷	唐山富达印务有限公司
开　　本	710mm ×1000mm　1/16
印　　张	12
版　　次	2013 年 1 月第 1 版　2024 年 12 月第 4 次印刷
书　　号	ISBN 978 - 7 - 5143 - 0967 - 6
定　　价	57. 00 元

　　生物化学是化学和生物学结合的一门边缘学科，是用化学的理论和方法研究生物体的基本物质，如糖类、脂类、蛋白质、核酸等的组成、性质及其在生命活动过程中的变化规律。

　　生物体的基本物质和生存环境（比如地壳和大气层）的物质成分是一致的，生物体生命过程的化学变化就是生物体与生存环境之间发生的物质交换和能量交换，也即是生物体内部不断进行的新陈代谢。生物体从生存环境里摄取物质，并转换成自身组成的物质，是储存能量过程；将自身物质分解来供给生命活动需要，是释放能量过程。这是生物化学所研究的基础内容，这项内容可以告诉我们生物体是如何生长、运动、发育、遗传等各种生命现象的分子活动。

　　生物化学是一门实践性很强的学科，是现代医学、农学、生化药物学、生物工程学等的重要基础。

　　生物化学同时也是一门实验学科，生物化学的一切成果均建立在严谨的科学实验基础之上。这些技术包括生物大分子的提取、分离、纯化与检测技术，生物大分子组成成分的序列分析和体外合成技术，物质代谢与信号传导的跟踪检测技术，以及基因重组、转基因、基因剔除、基因芯片等基因研究的相关技术等。生物化学技术不是单纯的化学技术，其中融入了生物学、物理学、免疫学、微生物学、药理学等知识与技术，作为其研究手段。这些技

术的发展以及新技术、新仪器的不断涌现，促进了生物化学的发展，同时也推动了其他学科的发展。

时至今日，现代生物化学已经是一门融合了现代物理学、药物学、生物学、医学、遗传学、生理学等多个现代学科的综合性学科。作为一门综合性学科，生物化学自有它的神秘之处，本书从基础内容入手，多角度、多层面地为你揭开生物化学的神秘面纱，领略个中的无穷奥妙。

目　录

工农业中的生物化学

生命中必不可少的物质

　　生物化学告诉我们，生物体中有一些生命体必不可少的物质，比如糖类、脂肪、蛋白质、核酸、维生素和激素等，这些物质对生命体的意义不言而喻，可以说，没有这些物质，生命体也就不复存在。这些物质对生命体的作用和意义各不相同，它们共同构筑起了生命的大厦。

细　胞

　　人们很早就在探索生物体是如何构成的，可是，由于科学技术不够发达，一直没有找到答案。直到 1665 年，英国建筑师罗伯特·虎克使用自制的显微镜，观察到软木薄片上有许多像蜂窝一样的小格子，并将其命名为细胞，即小室的意思。此后，在一代又一代的科学家的不懈努力下，人们终于意识到生物体在构成上有一个共同点，即无论动物，还是植物，都是由细胞构成的。19 世纪 30 年代，德国科学家施莱登和施旺提出了细胞学说，认为一切动物和植物都是细胞的集合体，细胞是生命的基本单位。这一学说被誉为 19 世纪自然科学的三大发现之一。但是由于时代的局限性，这个学说并没有将微生

罗伯特·虎克的显微镜

物包括进去。其实，早在虎克发现细胞之前，另一个虎克，荷兰科学家列文虎克已发现到微生物的存在，但是微生物学直到 19 世纪末才发展起来，现在大家都知道，除了病毒和类病毒外，其他一切生物均是由细胞构成的。

细胞结构

虽然生物体大都是由细胞构成的，可是不同的细胞却是形态各异，就样子来说，有圆的、方的、长条状的、星状的等各种不规则状都有。就大小来说，最大的细胞如卵细胞（鸵鸟卵细胞直径可达十几厘米），最小的细胞直径仅 1 微米左右，是前者的一百万分之一。但是这些细胞在构成上却是相似的。

在电子显微镜发明之前，人们在光学显微镜下，看到动物细胞是由细胞核、细胞质和细胞膜 3 部分构成的，植物细胞则还有细胞壁和细胞液泡、叶

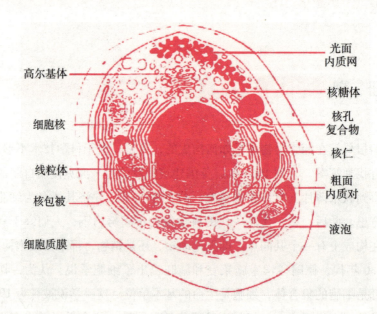

高尔基体

细胞核

线粒体

核包被

细胞质膜

光面内质网

核糖体

核孔复合物

核仁

粗面内质对

液泡

动物细胞结构图

绿体等结构。细胞质中隐隐约约还有一些结构。于是人们继续改进显微镜的制造工艺，不断提高放大倍数，可是后来却发现放大倍数一旦超过 1 500 倍影像会变得很模糊（这是因为光波波长太长所致）。电子显微镜出现之后，对细胞结构的了解可谓突飞猛进，目前科学家发现细胞主要是由下列几部分构成的：

（1）细胞膜或质膜

细胞膜是包围在细胞表面的极薄的膜，电子显微镜下呈 3 层结构，目前认为细胞膜是由磷脂双分子层和镶嵌在上面的蛋白质分子构成的。蛋白质分子分布在内外表面，种类繁多，有的是物质进出细胞膜的运输工具，称为载体，有的则是某种物质的专一性结合物，称为受体，等等。并且各种分子之间的相互位置不是固定不变的，而是有一定的流动性。现在认为，细胞膜具有控制物质进出、信息传递、代谢调控识别与免疫等多种功能。

（2）细胞质

细胞膜以内、细胞核以外的原生质统称为细胞质。包括细胞质基质、细胞器和内含物。细胞质基质是细胞质中除去所有细胞器和各种颗粒以外的部分，基质内分散着细胞器，主要有线粒体、中心体、质体、高尔基体、内质网、溶酶体等，内含物是细胞在新陈代谢过程中形成的产物，如淀粉粒、脂肪粒、油滴、糖原等。

细胞质的主要成分是蛋白质、核酸、无机盐和水等。细胞质基质中含有大量的酶，为维护细胞器正常结构和生理活动提供所需要的生理环境，同时也为细胞器的正常功能活动提供底物。在生命活动旺盛的细胞中，细胞质呈现半流动性溶胶状态，对于休眠的细胞，则失去流动性，呈凝胶状态。

（3）细胞核

除了哺乳动物成熟的红细胞及植物韧皮部筛管中成熟的管状细胞等少数几种细胞在无核状态下仍可进行生命活动外，多数真核细胞都具有细胞核。

细胞核的形态随细胞形态、代谢状态或发育阶段的不同而有差别，通常为圆形或椭圆形。核的大小在不同生物中有所不同，高等生物的核较大。大多数高等生物含有单核，有的具有双核或多核，如动物肝脏细胞和人的骨骼肌细胞中有几个核。而无核细胞通常只能完成某一种功能，不能生长、繁殖，而且寿命短。

电镜下观察，细胞核包括核膜、染色质、核仁及核液。

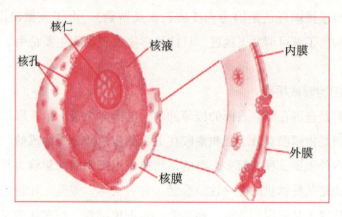

细胞核的结构

核膜是细胞核与细胞质之间的界膜，由内、外两层组成，外膜与粗面型内质网相连通，内膜与染色质相连。核膜不连续，上有许多小孔，称为核孔，这是细胞核和细胞质之间大分子物质交换的通道，如信使 RNA 可能通过核孔进入细胞质中。核孔的数目也因细胞种类及代谢状况不同而有差别，转录活性低或不转录的细胞中，核孔数目少。

在细胞发生融合时，核膜起重要作用，如卵细胞受精时，精子和卵细胞的核膜可以相互识别并且相互接触，在一个以上的部位相互联结，进而融合成一个核。

核仁是真核细胞分裂间期中最明显的结构。它的折光性强，与核内其他结构易于区分，所以在光镜下，染过色的细胞内或者电镜下都容易找到核仁。其主要成分是蛋白质和 RNA。在细胞周期中，核仁会出现周期性的消失和重建。它是核糖体 RNA 合成、加工和装配场所。

线粒体

线粒体是真核细胞中与能量代谢有关的细胞器。除人的成熟红细胞外，普遍存在于动物、植物的真核细胞中。显微镜下，线粒体呈圆柱形或果粒状。电子显微镜下，线粒体为内外两层膜构成的囊状结构：外膜使线粒体与周围的细胞质基质分开，内膜的某些部位向线粒体的骨腔折叠，形成嵴，嵴的周围

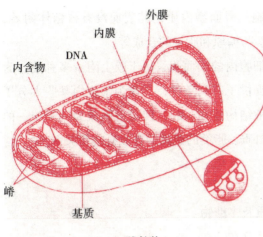

线粒体

充满液态的线粒体基质。在内膜和基质中，有许多与有氧呼吸有关的菌。线粒体主要由蛋白质和脂类组成，其中蛋白质占线粒体干重的一半以上。此外，还有少量的 DNA 和 RNA。

线粒体是细胞进行有氧呼吸的主要场所，其最重要的功能就是合成 ATP，为细胞生命活动提供能量，细胞生命活动所需要的能量，约有 95% 来自线粒体。

线粒体在细胞中的数目随着细胞种类的不同而不同。通常是生命活动旺盛的细胞如神经细胞中，线粒体较多。在善于飞翔的鸟类肌肉细胞中的线粒体远比不善于飞翔的鸟类肌肉细胞中的线粒体数目多。

线粒体可以复制的方式来增加其数目。

内质网

在电子显微镜下，内质网是细胞质中由膜所形成的一些形状大小不同的相互连通的小管、小囊泡所组成的一个连续的网状膜系统。其向外与细胞膜相连接，向内与高尔基体、液泡膜和核膜相连。

根据其形态的不同分为粗面型内质网和滑面型内质网两种。其中粗面型内质网的表面附有核糖体，多由扁平囊所构成，它既是核糖体附着的支架，也是新合成的分泌蛋白质的运输通道，因此普遍地存在于分

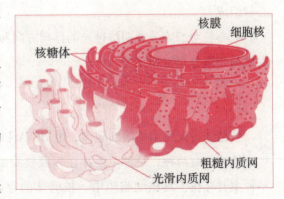

内质网

泌蛋白质旺盛的细胞中，如腺细胞。滑面型内质网其表面没有核糖体附着，多由小管和小囊泡组成，它可能参与糖原和脂类的合成等。

内质网的功能有：①增加了细胞内的膜面积，由于膜上附着多种酶，为细胞内各种生化反应的正常进行提供了有利条件；②作为细胞内某些大分子物质的运输通道；③将细胞内各种结构连在一起，使得细胞成为一个统一的有机整体。此外，内质网还与蛋白质、脂类的糖类的合成有密切关系。

高尔基体

高尔基体主要由脂类、蛋白质及多糖物质组成的，在动、植物细胞中广泛存在。在电子显微镜下，高尔基体由扁平囊、大囊泡和小囊泡组成。

高尔基体的功能与内质网相类似，它与细胞内物质的贮存、聚集、转移有关。例如，可将蛋白质转变为糖蛋白，进入高尔基体的糖类逐渐转变为聚合的碳水化合物。

高尔基结构模式图

中心体

中心体是动物细胞和低等植物细胞所特有的细胞器。它存在于细胞比较接近中央的位置，因此称为中心体。在电镜下，中心体由两个互相垂直的中心粒组成。

中心粒对细胞分裂期纺锤丝的排列方向和染色体的移动方向起重要作用，因此与细胞分裂密切相关。

核糖体

核糖体为无膜结构的细胞器，由 rRNA 和蛋白质组成。

核糖体有两种，一种主要存在于原核细胞及叶绿体、线粒体基质中；另一种主要存在于真核细胞质中。核糖体的存在状态有两种，一种为固着型，即附着在内质网上；一种为游离型，即游离于细胞基质中。

核糖体是蛋白质合成的场所，因此是细胞不可缺少的基本结构。

溶酶体

溶酶体的主要化学成分为脂类和蛋白质。普遍存在于真核细胞内，由单层膜包围形成的囊状结构。内含多种能分解蛋白质、糖类、脂类和核酸的水解酶。它可消化、清除细胞内的异物，还可以分解细胞内破损的或老化的细胞器，其降解的产物可重新被细胞利用。

另外，在一定条件下，溶酶体膜破裂，其内的水解酶释放到细胞质中，从而使整个细胞被水解、消化，甚至死亡，发生细胞的自溶现象。这在生物个体发育中对器官或组织的改建起到重要作用，因此，溶酶体对细胞起到保护作用。

组成细胞的化合物

细胞中常见的化学元素有20多种，这些组成生物体的化学元素虽然在生物体体内有一定的生理作用，但是单一的某种元素不可能表现出相应的生理功能。这些元素在生物体特定的结构基础上，有机地结合成各种化合物，这些化合物与其他的物质相互作用才能体现出相应的生理功能。组成细胞的化合物大体可以分为无机化合物和有机化合物。无机化合物包括水和无机盐；有机化合物包括蛋白质、核酸、糖类和脂质。水、无机盐、蛋白质、核酸、糖类、脂质等有机地结合在一起才能体现出生物体的生命活动。

在组成的化合物中含量最多的是水，但是在细胞的干重中，含量最多的化合物是蛋白质，占干重的50%以上。

细胞的基本共性

（1）所有的细胞表面均有由磷脂双分子层与镶嵌蛋白质及糖构成的生物膜，即细胞膜。

（2）所有的细胞都含有两种核酸，即DNA与RNA。

（3）作为遗传信息复制与转录的载体。

（4）作为蛋白质合成的机器——核糖体，毫无例外地存在于一切细胞内。

（5）所有细胞的增殖都以一分为二的方式进行分裂。

（6）细胞都具有选择透性的膜结构，即细胞膜。

（7）细胞都具有遗传物质，即 DNA。

（8）细胞都具有核糖体，是蛋白质合成的机器，在细胞遗传信息流的传递中起重要作用。

（9）能进行自我增殖和遗传。

（10）新陈代谢。

（11）细胞都具有运动性，包括细胞自身的运动和细胞内部的物质运动。

遗　传

　　遗传是指生物的子代与亲代之间表现性状相似的现象。从遗传学来解释，这个现象是生物体里的遗传物质能代代相传的缘故。遗传物质的基础是脱氧核糖核酸（DNA），一般来说是相对稳定的，假使没有其他原因，会代代相传下去。如果受到其他因素的影响，遗传物质发生了某些变化时，遗传的性状就会发生某些变异。所以，生物在世代相传的过程中，既有某些相似的共同特点，又可能发生某些差异。

　　遗传和变异是生命的重要特征之一。遗传是相对的，各种生物后代与祖先之间保持一定的连续性，因而各个物种可以延续下去。变异是绝对的，不可能后代永远和祖先一个样，通过自然的和人工的影响，遗传性状会发生一些变异，而有些变异又能遗传下去，通过选择作用产生更多的新物种，使生物不断地向前发展。

细胞工程

细胞工程是以细胞作基本单位的生物技术，包括细胞融合、细胞和组织培养、细胞质交换、胚胎移植等。细胞融合是细胞工程的一项主要技术，将不同种的活细胞融合成一个杂交细胞，再通过培养，往往能得到一个新品种。美国的科学家将西红柿和土豆的细胞融合培育出了西红柿和土豆杂交的品种，这种细胞融合后的新品种既有西红柿的滋味，又有土豆的味道，同时还具有一定的营养价值。

在医学上，用在试管里繁殖的癌细胞和人工培养的免疫淋巴细胞融合，产生的杂交癌细胞有单一的抗体作用，完全打破了以前只能在身体内产生抗体的方法，是医学界的一项新突破。

蛋白质

蛋白质是由多种氨基酸分子组成的高分子化合物，是生物体内含量最多的一类化合物。

蛋白质被誉为生命的"基础"：有生命的地方，就有蛋白质。蛋白质和核酸组成蛋白体。恩格斯曾深刻论述了蛋白质与生命现象之间不可分割的关系。他说："生命是蛋白质体的存在方式"。无论是什么地方，只要我们遇到生命，我们就会发现生命是和某种蛋白质体相联系的，而且无论在什么地方，只要我们遇到不处于解体过程中的蛋白质体，我们也无例外地发现生命现象。

生物体内的蛋白质种类极其丰富，分布也极其广泛，所担负的任务也是多种多样的。可将蛋白质的生物作用归结为下面几点。

信息表达

遗传信息的受控和按顺序的表达，对细胞有秩序的生长和分化十分重要，因为细胞的基因组中每次只有少部分基因表达。在细菌中，参与基因表达调控的阻遏蛋白质是使细胞的 DNA 中某些特殊基因不表达的重要调制组分。

酶的催化

构成生物体新陈代谢的全部化学反应都是由具有催化功能的蛋白质——酶所催化。这些反应有的较简单，有的很复杂。例如，肌球蛋白具有三磷腺苷酶的作用，能分解三磷腺苷（ATP，各种生命活动能量的直接来源）。

与此同时，ATP 的高能磷酸键还能产生能量。当肌肉收缩时，肌球蛋白与肌动蛋白相互作用，将化学能转变成机械力，使肌肉收缩。因此，肌球蛋白也可称为化学机械酶，现在也称马达蛋白。几乎所有的酶都表现出巨大的催化能力，它们可把反应速率提高 100 万倍。没有酶的催化作用，化学转化在活体中是十分难的。因此，可以说，蛋白质扮演了一个唯一能决定生物体系中化学转化模式的角色。

协调动作

在一些生命活动中，两种或几种蛋白质协调作用，完成某种生物活动功能。例如，肌肉的收缩是通过两类蛋白质组成的肌丝（粗肌丝和细肌丝）的滑动来完成的。此外，有丝分裂中染色体的运动以及精子鞭毛的运动等，是由蛋白质组成的微管产生的运动来实现的。

神经传递

神经细胞对特定刺激的反应是由受体蛋白传递的。例如，在突触处，神经冲动信号的传递是通过神经递质触发突触后膜上的受体蛋白质来实现的。

免疫保护

抗体是高度专一的蛋白质，能识别抗原、病毒、细菌以及其他有机体的细胞异物，并与之结合，从而在区别自身和非自身中起着重要的作用。

信号传导

生物体能够对外界刺激做出反应归因于蛋白质的生物学作用。生物感受到外界的信号如光、气味、激素、神经递质和生长因子之后，即与细胞表面的受体结合成复合物，随后受体又与 G 蛋白相互作用，使 G 蛋白的 α、β 和 γ 亚基解离，然后 G 蛋白又与细胞内的效应物如酶、信号蛋白和离子通道等相互作用，从而使细胞做出各种反应。因此，蛋白质在参与细胞内信号传导中有重要作用。

跨膜运输

细胞从外界吸收的各种离子（如 Ca^{2+}，K^+）和水分子都是通过细胞膜上的离子通道，进行跨膜运输的。现已证明，离子通道和水通道都是由蛋白质组成的。

电子传递

有些蛋白质能进行电子的传递，简单的如铁氧化蛋白能传递电子，复杂的如线粒体上的呼吸链以及能进行光合作用的叶绿体上的光合链。在呼吸链和光合链上有很多电子传递蛋白，如各种细胞色素 a、b、c 等能传递电子，从而实现某种生物学功能。

机械支持

蛋白质在生物体中起着机械支持作用。例如，皮肤和骨骼的高抗张强度，是基于称为胶原的一种纤维状蛋白质在生物体所起的机械支持作用。在所有真核细胞中都存在细胞架，它是由肌动蛋白组成的微丝、由微管蛋白组成的微管和由角蛋白组成的中间纤维构成网状结构，使细胞具有一定的形状和结构。

运输和贮存

很多小分子和离子是由专一蛋白质来运载和贮存物质的。例如，血红蛋白在红细胞运输氧，而铁蛋白作为复合体将铁储存起来。现已证明，在神经细胞中一些营养物质包装囊泡中，靠一种称为动力蛋白的蛋白质沿着微管运送到远处。

近年来还发现人类的记忆、思维等高级神经活动的实质也是蛋白质运动。遗传信息通过控制蛋白质合成而表现出相应性状，但这一过程同样还受蛋白质的调节。所以说，蛋白质是生命功能的最主要的执行者。

20 世纪 60 年代初兴起的分子生物学前期主要是开展对核酸的研究。如今，分子生物学的研究重点已经逐渐转移到蛋白质上来。因为核酸只是生物体这座大厦的图纸，而真正构筑起大厦并行使着各种功能的主要还是蛋白质。

人们把蛋白质的结构按其组成层次分为一级结构、二级结构、三级结构和四级结构。一级结构就是指肽链的氨基酸残基的顺序。肽链上的氨基酸并不是笔直地排在一起，而是具有各种折叠、盘绕方式。有的像弹簧一样螺旋上升，也有的呈折叠状，称为二级结构。在这个基础上肽链再进行卷曲和折叠，形成特定构象，称为三级结构。有的蛋白质分子是由几个具有三级结构的分子再聚合而成的，这种结构就称为四级结构。

蛋白质种类繁多，据估计，在人体中蛋白质的种类不下 10 万。例如，血红蛋白、纤维蛋白、组蛋白、各种色素、各种酶等。蛋白质的种类和数量不仅因生物种属不同而有差异，就是在不同个体间，甚至在同一个个体的不同发育时期都有变化。一个小小的细胞可以含有几千种蛋白质和多肽。这些蛋白质又可根据它们在生物体内所起作用的不同，分成五大类：

酶蛋白　生物体内进行着成千上万种化学反应，这些反应是在一类叫做酶的特殊蛋白质生物催化剂的作用下进行的，反应速度很快，往往是体外速度的几百倍甚至上千倍。

运载蛋白　动物中氧气的运输是靠血液中的血红色素，对于高等哺乳动物来说就是血红蛋白。生物的细胞膜上含有各种各样的运载蛋白质，它们在生物的物质代谢中起着重要的作用。

结构蛋白　生物体的细胞结构，包括细胞膜、细胞核、质体、线粒体、核糖体、内膜系统，以至真核类的染色体等在结构上都含有大量由蛋白质组成的亚基，形成了细胞的框架结构。

抗体 生物体内的免疫防御系统：外界的病原体入侵生物体时，生物体便产生一种特异蛋白质能与它们对抗，使其解体，这就是抗体。

激素 生物体内某一部分可以产生一类特种的蛋白质，通过循环，释放到血液中，调节其他部分的生命活动。

蛋白质是由氨基酸组成的大分子物质，是许多种不同的氨基酸组成的。蛋白质的种类虽多，但它们水解产物都是氨基酸。20 世纪 30 年代，人类已经搞清楚，生物的氨基酸仅 20 种，它们是甘氨酸、丙氨酸、缬氨酸、亮氨酸、异亮氨酸、丝氨酸、苏氨酸、苯丙氨酸、酪氨酸、半胱氨酸、甲硫氨酸、赖氨酸、精氨酸、组氨酸、天冬氨酸、谷氨酸、色氨酸、脯氨酸、胱氨酸、蛋氨酸。

许多氨基酸并不直接形成蛋白质，它们先组成蛋白质的次级结构多肽，再由多肽组成蛋白质。多肽没有明显的蛋白质特性，多肽呈螺旋状结构。一种特定的蛋白质的特性，除决定于构成它的多肽链的氨基酸的数目、种类和比例之外，还和它们的排列次序及四级空间结构有关。小的蛋白质分子量只有几千，所含的氨基酸也不超过 50 个，有的蛋白质的分子量达几十万至几百万，含有几千、几万个氨基酸。每一种蛋白质的性质，取决于所有各种氨基酸在分子链上按什么次序排列。即便每一种氨基酸只出现一次，19 个氨基酸在一个链上可能有的排列方式就接近 12 亿种，而由 500 多个氨基酸组成的血蛋白那么大的蛋白质，可能有的排列方式就达 10^{600} 种，这个数目比整个已知的宇宙中的亚原子粒子的数目还多得多。所以，这种多样性，能反映几百万种物种，不计其数的生物品种，以及大量品种内个体间的性状的千差万别，构成各式各样的生命现象。从这种意义来看，可以认为"生命是蛋白质的存在方式"。

这些氨基酸结构的共同特征是：①与羧基相邻的 α 碳原子（C^{α}）上都有氨基，故称为 α - 氨基酸，其具有两性解离的性质；②与 C^{α} 接连的 4 个原子或基团是不同的，故 C^{α} 是不对称碳原子（甘氨酸除外）；③α - 氨基酸有 L - 和 D - 两种构型的立体异构体。两种构型互为对映体，一种构型必须在其共价键断裂后才能形成另一种构型。组成蛋白质的 α - 氨基酸多是 L - 构型。D - 型氨基酸只存在于某些抗生素和植物的个别生物碱中。

从 1959 年开始，美国生物化学家梅里菲尔德所领导的一个小组开创了一个新的合成蛋白质的方法，即把想要制造的那个链上的头一个氨基酸连到聚苯乙烯树胶小颗粒上，然后再加上第二个氨基酸的溶液，这个氨基酸就会接到第一个的上面，此后再加上下一个。这种往上面添加的步骤既简单又迅速，并且能自动化，还几乎没有什么损耗。1965 年，我国科学工作者就用这种方法合成了具有活性的人工牛胰岛素，为人类开创了人工合成蛋白质的前景。

知识点

抗　体

抗体是存在于体液和淋巴细胞表面的一类免疫球蛋白。它能够在抗原（一种能刺激机体免疫系统的物质，如外来病菌等）的刺激下与抗原发生特异性结合，可以中和毒素，在其他细胞的协同下杀菌和溶菌。由于它具有这种特性，所以常用以防治某些疾病。不同的抗体有不同的名称，如抗毒素、凝集素、沉淀素、溶菌素等。在某些情况下，抗体易引起过敏反应、输血反应等，以至于损伤组织。

延伸阅读

蛋白质在人体中的生理功能

概括起来说，蛋白质在人体内的主要功能是：

首先，蛋白质能构成和修补身体组织。它占人的体重的 16.3%，占人体干重的 42%～45%。身体的生长发育、衰老组织的更新、损伤组织的修复，都需要用蛋白质作为机体最重要的"建筑材料"。儿童长身体更不能缺少它。

其次，蛋白质能构成生理活性物质。人体内的酶、激素、抗体等活性物质都是由蛋白质组成的。人的身体就像一座复杂的化工厂，一切生理代谢、化学反应都是由酶参与完成的。生理功能靠激素调节，如生长激素、性激素、肾上腺素等。抗体是活跃在血液中的一支"突击队"，具有保卫机体免受细菌和病毒的侵害、提高机体抵抗力的作用。

第三，蛋白质能调节渗透压。正常人血浆和组织液之间的水分不断交换并保持平衡。血浆中蛋白质的含量对保持平衡状态起着重要的调节作用。如果膳食中长期缺乏蛋白质，血浆中蛋白质含量就会降低，血液中的水分便会过多地渗入到周围组织，出现营养性水肿。

第四，蛋白质能供给能量。这不是蛋白质的主要功能，但在能量缺乏时，蛋白质也必须用于产生能量。另外，从食物中摄取的蛋白质，有些不符合人体需要，或者摄取数量过多，也会被氧化分解，释放能量。

脂类物质

除糖类物质以外，生物体内的非常重要的物质还有脂类物质。脂类是生物体内的一类有机大分子物质，它包括范围很广，化学结构有很大差异，生理功能各不相同，其共同物理性质是不溶于水而溶于有机溶剂，在水中可相互聚集形成内部疏水的聚集体，主要包括脂肪和类脂。

（1）脂肪

脂肪是由一个分子甘油和三分子脂肪酸结合而成，简称三酰甘油。人体内的脂肪散布在各器官组织之间和皮下等处，质地柔软并有弹性，可使器官与器官之间避免摩擦，并有使内脏固定的作用。脂肪在人体内的主要功能是储存能量和供给能量，在体内氧化时每克可释放能量约38.9千焦耳，比每克糖或蛋白质所释放的能量多1倍以上。一般情况下，成年人体内的脂肪约占体重的10%～30%，所以，脂肪可说是人体内的主要能源物质。

人体所必需的不饱和脂肪酸，体内不能自行合成，或合成得很少，必须从食物中的脂肪取得，一般植物脂肪如花生油、菜油、豆油等，含不饱和脂肪酸较多，而动物脂肪如猪油、牛油等，含不饱和脂肪酸较少。人体内脂肪的积聚，与平时的饮食有关，如果吃的食物所转化的能量超过代谢的需要时，

多余的能量便转化成脂肪储存起来，所以体内的脂肪由于食物养料的充足而逐渐增多。

脂肪不溶于水，但溶于有机溶剂如乙醚、氯仿、四氯化碳等。

（2）类脂

类脂主要包括磷脂和胆固醇等。

磷　脂

磷脂是指含有磷酸的类脂化合物。通常把磷酸甘油酯称作磷脂，水解后可得到一分子甘油、二分子脂肪酸、一分子磷酸和一分子含氮的有机碱等。磷脂中最主要的是卵磷脂和脑磷脂，区别是卵磷脂里的有机碱是胆碱而脑磷脂里的是胆胺。一般把脂肪、磷脂、固醇、蜡等组成成分称作类脂质，这些物质不溶于水，但溶于醚、醇、氯仿、苯等脂溶剂中。

磷脂是生物体的重要组成部分，动物的卵、脑、肝、心脏、肾上腺等以及植物的种子里含量较多，有些对生物体的新陈代谢有重要作用，一些是生物膜、特别是神经细胞膜的重要成分。

胆固醇

生物体内的另一种类脂是胆固醇，又称"胆甾醇"，是人和动物体内重要的固醇。每个细胞都有一定数量的胆固醇，以脑中含量最多，是神经纤维髓鞘的重要成分。人体每千克体重中，胆固醇就占2克。人体内所有组织都能合成胆固醇，肝脏是合成胆固醇的重要器官，合成的量比日常食物中取得的多2~3倍。一般食物中，以动物性食物（如内脏、卵黄、脑等）中的含量较高，一些水生的软体动物如各种贝类等的含量最高。

人体内如果胆固醇的代谢失调，容易引起胆石症和动脉粥样硬化，动脉粥样硬化是冠心病的主要原因。

胆固醇在化学上是无色或稍带黄色的结晶，微溶于水，易溶于有机溶剂如乙醇、乙醚、氯仿等。

知识点

有机溶剂

溶剂按化学组成分为有机溶剂和无机溶剂。有机溶剂是一大类在生活和生产中广泛应用的有机化合物，分子量不大，常温下呈液态，具有较大的挥发性，对人体有一定的毒性。有机溶剂包括多类物质，如链烷烃、烯烃、醇、醛、胺、酯、醚、酮、芳香烃、氢化烃、卤代烃、杂环化物、含氮化合物及含硫化合物等。多数有机溶剂对人体有一定毒性。

延伸阅读

与脂肪相关的病——脂肪肝

脂肪肝即脂肪性肝病，是肝脏内的脂肪含量超过肝脏重量（湿重）的5%的一种病症。正常人的肝内总脂量，约占肝重的5%，内含磷脂、三酰甘油、脂酸、胆固醇及胆固醇脂。而脂肪肝患者，总脂量可达40%～50%，主要是三酰甘油及脂酸，而磷脂、胆固醇及胆固醇脂只少量增加。

脂肪肝是肝病的一种常见的临床现象，而非一种独立的疾病。临床表现常常是轻者无症状，重者病情凶猛。通常情况下，脂肪肝属可逆性疾病，早期诊断并及时治疗常可恢复止常。

统计表明，近些年来，脂肪肝发病率有不断上升的趋势，成为仅次于病毒性肝炎的第二大肝病，已被公认为隐蔽性肝硬化的常见原因。

维生素

维生素是人类和动物体生命活动所必需的一类物质，许多维生素是人体不能自身合成的，一般都必须从食物或药物中摄取。当机体从外界摄取的维生素不能满足其生命活动的需要时，就会引起新陈代谢功能的紊乱，导致生病。维生素缺乏病曾经是猖獗一时的严重疾病之一，例如，人体内维生素 C 缺乏会引起坏血病；维生素 B_1 缺乏会引起脚气病，都曾经是摧毁人类特别是海员和士兵的大敌。

但是，过量或不适当地服用维生素，或者有些人把维生素当成补药，以致造成人体内某些维生素过多症，对身体也是有害的。因此，切莫把维生素看成灵丹妙药。

到目前为止，已经发现的维生素可以分为脂溶性维生素和水溶性维生素两大类。在维生素刚被发现时，它们的化学结构还是未知的，因此，只能以英文字母来命名，如维生素 A、维生素 B、维生素 C。但是不久就发现，某些被认为是单一化合物的维生素原来是由多种化合物组成的，于是就产生了"维生素族"的命名方法。例如，原来认为维生素 B 是单一的化合物，后来知道它是由多种化合物组成的，这样就需要在维生素 B 的英文字母下加角标的方法来命名，这就是维生素 B_1、维生素 B_2、维生素 B_5、维生素 B_6。实际上，现在每一种维生素都已经有了它的学名（即化学名称）。维生素还都有俗名，但不同国家所用的俗名差别很大，很不规则。

维生素 A_1 以游离醇或酯的形式存在于动物界。人体所需的维生素 A_1 大部分来自动物性食物中，在动物脂肪、蛋白、乳汁、肝中，维生素 A_1 的含量丰富。植物界中虽然不存在维生素 A_1，但维生素 A_1 的前体却广泛分布于植物界，它就是 β - 胡萝卜素。植物性食物中的 β - 胡萝卜素在肠壁内能转变为维生素 A_1，因此含 β - 胡萝卜素的植物性食物也是人体所需维生素 A_1 的来源。

维生素 A_1 影响许多细胞内的新陈代谢过程，在视网膜的视觉反应中有特殊的作用，而维生素 A_1 醛（视黄醛）在视觉过程中起重要作用。视网膜中有感强光和感弱光的两种细胞，感弱光的细胞中含有一种色素，叫做视紫红质，它是在黑暗的环境中由顺视黄醛和视蛋白结合而成的，在遇光时则会分解成反视黄醛和视蛋白，并引起神经冲动，传入中枢神经产生视觉。视黄醛在体内不断地被消耗，需要维生素 A_1 加以补充。

如果体内缺少维生素 A_1，合成的视紫红质就会减少，使人在弱光中的视力减退，这就是产生夜盲症的原因，所以维生素 A_1 可用于治疗夜盲症。例如我国民间很早就用羊肝治疗"雀目"（即夜盲症）。

维生素 A_1 还与上皮细胞的正常结构和功能有关，缺少维生素 A_1 会导致眼结膜和角膜的干燥和发炎甚至失明。维生素 A_1 的缺乏还会引起皮肤干燥和鳞片状脱落以及毛发稀少、呼吸道的多重感染、消化道感染和吸收能力低下。

人体每天对维生素 A_1 的需要量成人（男）为 1 000 微克；成人（女）800 微克；儿童（1~9 岁）为 400 ~ 700 微克。如果提供的是动物性食物中所含的维生素 A_1，数量可略低；如果提供的是植物性食物中所含的 β - 胡萝卜素，则数量要略高。

维生素 D 又叫骨化醇、抗佝偻病维生素。维生素 D 的种类很多，但通常将维生素 D_2 与维生素 D_3 这两种维生素统称为维生素 D。维生素 D 可促进骨骼发育，能维持血液和组织液中钙、磷浓度的稳定性，促进新生骨质的正常钙化。另外，维生素 D 可以减少癌细胞肿瘤发生和恶化的机会，因此有防止癌细胞的作用。

获取维生素 D 的途径有两个，一种是从食物中摄取，另一种是由人体自身合成，维生素 D 主要存在于动物性食品中，瓜果、蔬菜及谷类食物中维生素 D 含量普遍不高。经常去室外晒晒太阳，可促使人体自身合成维生素 D。

维生素 K 又名凝血醌，能促进肝脏中凝血酶原的形成，能加速出血后的血液凝固。缺乏维生素 K 时，凝血时间延长，皮下、肌肉及胃肠道内常发生出血现象。维生素 K 在动物性食物中以肝脏中含量最多。

维生素 B_1 又名硫胺素，是葡萄糖氧化代谢过程中的一种辅酶。它能维持神经、心脏和消化器官的正常活动。缺乏时易患神经炎，引起食欲不振和消化不良等。严重时患脚气病，手足麻木，反应迟钝，心跳加速。

维生素 B_1 在瘦肉、米糠、麦麸中含量丰富。加工精细的米面，做饭加碱，损失维生素 B_1 较多。

维生素 B_2 又叫核黄素，呈橙黄色，微溶于水，在烹调过程中不容易被破坏。维生素 B_2 是美容维生素，能促进肌体发育和细胞的再生，可使皮肤长期保持光鲜，还能促进指甲和毛发的健康生长。维生素 B_2 能强化脂肪代谢，可避免脂肪囤积于血液及肝脏中。另外，维生素 B_2 对体内细胞进行氧化还原，防止过氧化物的生成与堆积，进而预防动脉硬化与心脏病的发生。

深绿色蔬菜和五谷杂粮含维生素 B_2 比较多，此外，动物肝脏、牛奶及乳制品维生素 B_2 含量也比较丰富。

维生素 C 又叫抗坏血酸，它是对人体非常重要的维生素，它的主要作用就是提高人体的免疫力，有维持结缔组织和细胞间质健全功能。缺乏时，毛细血管脆性增大，易引起皮下和牙龈出血，严重时患坏血症，关节肿胀僵硬，牙龈松动。

维生素 C 广泛存在于新鲜的蔬菜和水果中，枣、辣椒、山楂中含量丰富。食物加热、久存，维生素 C 都会被破坏。

维生素 E 又叫生育酚、生育维生素、抗不育维生素。维生素 E 对人体的作用如下：

（1）维护血管。维生素 E 一向被誉为血管的"清道夫"，是人体具有广泛生理功能的重要脂溶性维生素和天然抗氧化剂，可以对抗自由基的破坏作用，降低不饱和脂肪酸的过度氧化，防止脂质过氧化物的形成。

（2）预防疾病的作用。维生素 E 可防止并清除低浓度脂蛋白胆固醇在血管中的堆积，预防冠状动脉硬化、中风、高血压与老年痴呆症等疾病，此外维生素 E 还有防治血小板过度凝集、保护红细胞的稳定及完整、预防贫血症、中和过氧化物对细胞的伤害的作用。

（3）延缓衰老。维生素 E 具有抗氧化作用，能使不饱和脂肪酸在肠道和组织内的氧化分解减小到最低程度，以保护细胞膜上的多不饱和脂肪酸免受自由基的侵袭，维持细胞膜的完整性，从而促进人体细胞的再生与活力，推迟细胞的老化过程。

富含维生素 E 的食物有坚果、瘦肉、乳类、蛋类等。

知识点

SHENGWUHUAXUE QIYUJI

视网膜

视网膜居于眼球壁的内层，是一层透明的薄膜。视网膜由色素上皮层和视网膜感觉层组成，两层间在病理情况下可分开，称为视网膜脱离。色素上皮层与脉络膜紧密相连，由色素上皮细胞组成，具有支持和营养光感受器细胞、遮光、散热以及再生和修复等作用。视网膜感觉层为衬于血管膜内面的一层薄膜，有感光作用。

延伸阅读

维生素的美容护肤作用

维生素A：维生素A与皮肤正常角化关系密切。缺乏时皮肤干燥、角层增厚、毛孔为小角栓堵塞，严重时影响皮脂分泌。所以，皮肤干燥、粗糙、无光泽、脱屑、有小角栓者服用维生素A可改善。

维生素B_6：维生素B_6与氨基酸代谢关系甚密，能促进氨基酸的吸收和蛋白质的合成，为细胞生长所必需。此外，维生素B_6对脂肪代谢亦有影响，与皮脂分泌紧密相关，因而，头皮脂溢、多屑时服用维生素B_6有改善效果。

维生素C：维生素C被称为皮肤最密切的伙伴，是构成皮肤细胞间质的必需成分。所以，皮肤组织的完整，血管正常通透性的维持和色素代谢的平衡都离不开它。

维生素E：维生素E被公认有抗衰老功效，能促进皮肤血液循环和肉芽组织生长，使毛发皮肤光润，并使皱纹展平。

维生素K_1：维生素K_1是一种脂溶性维生素，可改善因疲劳而引起的黑眼圈。临床发现将维生素A与维生素K_1复配后使用对黑眼圈有明显改善。

糖

　　糖在自然界分布极广，是自然界中含量最丰富的一类有机化合物。化学家最初在分析各种糖的成分时，发现糖是由碳、氢、氧3种元素组成的，而且其中氢和氧的比例是2∶1，恰好与水分子中氢和氧的比例一样，于是，化学家们便把糖叫做碳水化合物。后来，他们又发现鼠李糖的分子式是$C_6H_{12}O_5$，脱氧核糖的分子式是$C_5H_{10}O_4$，在这两种糖的分子中，氢和氧的比例都不是2∶1，当然不能把这两种糖也称为碳水化合物。严格地讲，把糖称为碳水化合物并不恰当，所以现在的书刊上都把这一类化合物统称为糖类。

　　在自然界，糖广泛分布于动物、植物（尤其以甘蔗、甜菜等含量最丰富）和微生物内，其中尤以植物中所含的糖多。植物靠水和空气中的二氧化碳合成糖，因为这个合成反应是由具有光能的光子所激发的，因此这个合成过程称为光合作用。由水和二氧化碳合成糖的过程是一个吸收能量的过程，因此糖是一种具有高能量的化合物，它们是植物、动物和微生物新陈代谢过程的重要能量来源。

葡萄糖

　　生物体的细胞内和血液里都含有葡萄糖，是细胞发挥其功能所必需的，葡萄糖的新陈代射的正常调节对于生命活动是非常重要的。葡萄糖容易被人体吸收，容易与氧气发生反应，生成二氧化碳和水，并放出能量，是细胞的快速能量来源。

　　葡萄糖属于单糖（不能再水解的最简单的糖类），但自然界大量存在的都是低聚糖（如蔗糖）和多糖（如淀粉）。多糖中也存在着大量能量，但它们很难为人体消化和吸收，多糖必须被分解成葡萄糖以后，其中贮存的能量才能被细胞利用。

　　单糖是最简单的糖，都是结晶体，能溶于水，具有甜味，主要有葡萄糖、果糖、阿拉伯糖。

葡萄糖的分子式是 $C_5H_{11}O_5CHO$。在自然界中通过光合作用合成，由于葡萄糖最初是从葡萄汁中分离出来的结晶，因此就得到了"葡萄糖"这个名称。葡萄糖存在于血浆、淋巴液中。在正常人的血液中，葡萄糖的含量可达 $0.08\% \sim 0.1\%$。

葡萄糖以游离的形式存在于植物的浆汁中，尤其以水果和蜂蜜中的含量为多。可是，葡萄糖的大规模生产方法却不是从含葡萄糖多的水果中提取，而是用玉米和马铃薯中所含的淀粉制取，在淀粉糖化酶的作用下，玉米和马铃薯中的淀粉发生水解反应，可得到含量为 90% 的葡萄糖水溶液，溶液在低于 50℃ 时结晶，可生成 α - 葡萄糖的水合物；在高于 50℃ 时结晶，可生成无水的 α - 葡萄糖；当再超过 115℃ 时结晶，生成的是无水的 β - 葡萄糖。

葡萄糖是生命不可缺少的物质，它在人体内能直接进入新陈代谢过程。在消化道中，葡萄糖比任何其他单糖都容易被吸收，而且被吸收后能直接为人体组织利用。人体摄取的蔗糖和淀粉也都必须先转化为葡萄糖，再被人体组织吸收和利用。葡萄糖在人体内被氧气氧化，生成二氧化碳和水，每克葡萄糖被氧化时，释放出 17.1 千焦热量，人和动物所需要的能量有 50% 来自葡萄糖。

葡萄糖的甜味约为蔗糖的 3/4，主要用于食品工业，如用于生产面包、糖果、糕点、饮料等。在医疗上，葡萄糖被大量用于病人输液，这是因为葡萄糖非常容易被直接吸收作为病人的重要营养。葡萄糖被氧化时还能生成葡萄糖酸，葡萄糖酸钙是最能有效地提供钙离子的药物。

果 糖

另一种重要的单糖是果糖，它的分子式是 $C_5H_{12}O_5CO_5CO$，以游离状态大量存在于水果的浆汁和蜂蜜中。

果糖并不从水果中制取，而是用稀盐酸或转化酶使蔗糖发生水解反应，产物是果糖和葡萄糖的混合溶液。由于果糖是不容易从水溶液中结晶出来的物质，所以从混合溶液中离析出果糖，要采用使果糖与氢氧化钙形成不溶性的复合物的方法，最后将复合物从水溶液中分离出来，并将钙沉淀为碳酸钙，果糖就成为结晶体。

果糖是所有的糖中最甜的一种，它比蔗糖甜1倍，广泛用于食品工业，如制糖果、糕点、饮料等。

低聚糖

低聚糖指双糖、三糖等。双糖中的蔗糖、麦芽糖和乳糖最有用。蔗糖是最普通的食用糖，也是世界上生产数量最多的有机化合物之一。

甘蔗中含蔗糖15%～20%，甜菜中含蔗糖10%～17%，其他植物的果实、种子、叶、花、根中也有不同含量的蔗糖。

蔗糖的分式为$C_{12}H_{22}O_{11}$。它很甜，容易溶解在水中，而且很容易从水溶液中结晶。

如果将红糖溶解在水里，加入适量的骨炭或活性炭，就可以将溶液的颜色脱掉，然后将溶液过滤，经过减压蒸发和冷却，溶液中就会产生白色细小的晶体，这就是白糖，白糖中含一定量水分，把白糖加热到适当温度，可以将水分除掉，再把它冷却，如果冷却速度很快，得到比较细的晶体，这就是砂糖；如果冷却速度慢，就会得到无色透明的大晶体，这就是冰糖。

蔗糖主要用于食品工业，高浓度的蔗糖能抑制细菌的生长，在医药上用作防腐剂和抗氧剂。

麦芽糖

麦芽糖也是一种双糖，在自然界中麦芽糖主要存在于发芽的谷粒，特别是麦芽中，故得此名称。麦芽糖发生水解反应以后，生成两分子葡萄糖，可用作甜味剂，甜度是蔗糖的1/3。麦芽糖还是一种廉价的营养食品，过去在农村有很大市场。

乳糖是哺乳动物乳汁中主要的糖，人乳含乳糖5%～7%，牛乳含乳糖4%，它们是乳婴食物中的糖分。在工业上，乳糖是由牛乳制干酪时所得的副产品。在水中的溶解度小，也不很甜。在乳酸杆菌的作用下，乳糖可以被氧化成乳酸，牛奶变酸就是因为其中的乳糖被氧化，变成了乳酸所引起。乳酸饮料具有较高的营养价值。

多　糖

多个单糖分子发生缩合反应，失去水便形成多糖。已知多糖的分子量可以超过 1 000 000 原子质量单位。

淀粉是植物界中存在的极为丰富的多糖，分子式是 $C_6H_{10}O_5$。大量存在于植物的种子、块茎等部位。淀粉以球状颗粒贮藏在植物中，颗粒的直径为 3～100 微米，是植物贮存营养的一种形式。

天然的淀粉由直链淀粉和支链淀粉组成，大多数淀粉含直链淀粉 10% – 12%，含支链淀粉 80%～90%。玉米淀粉含 27% 直链淀粉；马铃薯淀粉含 20% 直链淀粉（两者的其余部分均为支链淀粉）；糯米淀粉几乎全部是支链淀粉；有些豆类的淀粉则全部是直链淀粉。

直链淀粉又称可溶性淀粉。溶解于热水后成胶体溶液，容易被人体消化。直链淀粉是一种没有分支的长链线形分子，与碘发生作用后，生成深蓝色物质，这一反应可用来检验淀粉或碘。

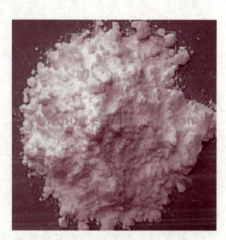

淀　粉

支链淀粉具有支链结构，它不溶于热水，分子量很大，约 100 000～600 000，它也能与碘作用，生成蓝紫色物质。淀粉可供食用，在人体内淀粉首先被淀粉酶作用，发生水解反应，生成糊精，它进一步水解生成麦芽糖，最后可以水解成葡萄糖，便于人体吸收。因此，我们即使不吃蔗糖、葡萄糖、果糖、麦芽糖，仍然可以从淀粉（粮食及含淀粉多的蔬菜）摄取糖分，而且是人体内糖分的主要来源。

纤维素也是一种多糖。绿色植物通过光合作用合成纤维素，它在植物体中构成细胞壁网络，支撑着植物躯干。纤维素对人体没有营养价值，我们每天要吃进很多纤维素（存在于粮食、蔬菜、水果等中），基本上被排泄掉，但它对帮助肠的蠕动有一定作用，有利于防止肠癌。

SHENGWUHUAXUE QIYUJI

 知识点

缩合反应

缩合反应是指两个或多个有机分子相互作用后以共价键结合成一个大分子,同时失去水或其他比较简单的无机或有机小分子的反应。其中的小分子物质通常是水、氯化氢、甲醇或乙酸等。缩合反应可以在分子间进行,也可以在分子内进行。多数缩合反应要在缩合剂的催化作用下进行,常用的缩合剂是碱、醇钠、无机酸等。

 延伸阅读

吃糖的最宜时间

科学研究证实,掌握好吃糖的最佳时机适当地摄入糖,对人体是有益的。

(1)洗浴时,要大量出汗和消耗体力,需要补充水和热量,这时吃糖可防止虚脱。

(2)运动时,要消耗热能,糖比其他食物能更快提供热能,因此,运动时适当地摄入糖是有益的。

(3)疲劳饥饿时,食糖可迅速被吸收提高血糖。

(4)当头晕恶心时,吃些糖可升血糖稳定情绪,有利恢复正常。

(5)饭后,适当地摄入糖可使人在学习和工作时,精神振奋,精力充沛。

核　酸

核酸是从细胞核里提取出来的一种酸性物质,所以称之为核酸。核酸是

一种由许多核苷酸聚合而成的生物大分子化合物。核酸是生命的最基本物质之一，最早由米歇尔于 1868 年在脓细胞中发现和分离出来。核酸广泛存在于所有动物细胞、植物细胞、微生物、生物体内。核酸常与蛋白质结合形成核蛋白。不同的核酸，其化学组成、核苷酸排列顺序等不同。根据化学组成不同，核酸可分为核糖核酸（简称 RNA）和脱氧核糖核酸（简称 DNA）。DNA 是储存、复制和传递遗传信息的主要物质基础。RNA 在蛋白质合成过程中起着重要作用，其中转移核糖核酸，简称 tRNA，起着携带和转移活化氨基酸的作用；信使核糖核酸，简称 mRNA，是合成蛋白质的模板；核糖体的核糖核酸，简称 rRNA，是细胞合成蛋白质的主要场所。核酸不仅是基本的遗传物质，而且在蛋白质的生物合成上也占重要地位，因而在生长、遗传、变异等一系列重大生命现象中起决定性的作用。

核酸在实践应用方面有极重要的作用，现已发现近 2 000 种遗传性疾病都和 DNA 结构有关。如人类镰刀形红细胞贫血症是由于患者的血红蛋白分子中一个氨基酸的遗传密码发生了改变。白化病毒则是 DNA 分子上缺乏产生促黑色素生成的酪氨酸酶的基因所致。肿瘤的发生、病毒的感染、射线对机体的作用等都与核酸有关。20 世纪 70 年代以来兴起的遗传工程，使人们可用人工方法改组 DNA，从而有可能创造出新型的生物品种。如应用遗传工程方法已能使大肠杆菌产生胰岛素、干扰素等珍贵的生化药物。

核酸是生物体内的高分子化合物。它包括脱氧核糖核酸和核糖核酸两大类。DNA 和 RNA 都是由一个一个核苷酸头尾相连而形成的。RNA 平均长度大约为 2 000 个核苷酸，而人的 DNA 却是很长的，约有 3×10^9 个核苷酸。

单个核苷酸是由含氮有机碱（称碱基）、戊糖（即五碳糖）和磷酸 3 部分构成的。

碱基：构成核苷酸的碱基分为嘌呤和嘧啶两类。前者主要指腺嘌呤和鸟嘌呤，DNA 和 RNA 中均含有这两种碱基。后者主要指胞嘧啶、胸腺嘧啶和尿嘧啶，胞嘧啶存在于 DNA 和 RNA 中，胸腺嘧啶只存在于 DNA 中，尿嘧啶则只存在于 RNA 中。

嘌呤环上的 N－9 或嘧啶环上的 N－1 是构成核苷酸时与核糖（或脱氧核糖）形成糖苷键的位置。

此外，核酸分子中还发现数十种修饰碱基，又称稀有碱基。它是指上述 5 种碱基环上的某一位置被一些化学基团（如甲基化、甲硫基化等）修饰后的衍生物。一般这些碱基在核酸中的含量稀少，在各种类型核酸中的分布也不均一。如 DNA 中的修饰碱基主要见于噬菌体 DNA，RNA 中以 tRNA 含修饰碱基最多。

　　戊糖（五碳糖）：RNA 中的戊糖是 D - 核糖（即在 2 号位上连接的是一个羟基），DNA 中的戊糖是 D - 2 - 脱氧核糖（即在 2 号位上只连一个 H）。D - 核糖的 C - 2 所连的羟基脱去氧就是 D - 2 - 脱氧核糖。

　　戊糖 C - 1 所连的羟基是与碱基形成糖苷键的基团，糖苷键的连接都是 β - 构型。

　　核苷：由 D - 核糖或 D - 2 脱氧核糖与嘌呤或嘧啶通过糖苷键连接组成的化合物。核酸中的主要核苷有 8 种。

　　核苷酸：核苷酸与磷酸残基构成的化合物，即核苷的磷酸酯。核苷酸是核酸分子的结构单元。核酸分子中的磷酸酯键是在戊糖 C - 3' 和 C - 5' 所连的羟基上形成的，故构成核酸的核苷酸可视为 3' - 核苷酸或 5' - 核苷酸。DNA 分子中是含有 A、G、C、T 四种碱基的脱氧核苷酸；RNA 分子中则是含 A、G、C、U 四种碱基的核苷酸。

　　当然核酸分子中的核苷酸都以某种形式存在，但在细胞内有多种游离的核苷酸，其中包括一磷酸核苷、二磷酸核苷和三磷酸核苷。

知识点

变　异

　　变异是指同种生物世代之间或同代不同个体之间发生的性状差异。发生的变异有两种：一种是由于遗传物质发生改变而引起的，称作遗传的变异，这种变异会遗传下去。例如一个小麦品种经辐射处理以后，后代的株型开始变化，由低变高了，有的变矮了，有的仍保持原状不变。这种变高或变矮的变异，就是辐射使它的遗传物质组成发生变化而引起

的，会遗传下去。另一种是由于环境条件引起改变的，称作不遗传的变异。这种变异一般只能在当代表现出来，不能遗传给后代。例如同一品种的小麦，种在肥沃的地里，植株就表现出秆壮、穗大、粒多、产量高；而种在瘠薄的地里，植株便秆弱、穗小、粒少、产量低。这种由于土壤肥力的不同而引起的变异，并没有影响到植物内部遗传物质发生改变，所以不能遗传下去。

生物体发生的变异，无论是遗传的或不遗传的，都是育种工作的对象，把发生变异的生物体进行培育、选择，将需要的变异性状巩固下来，就能培育成新的品种。

延伸阅读

核酸的发现

核酸的发现是一个偶然事件。1869 年瑞士有位年轻人叫米歇尔（1844－1895）正在做博士论文。他要测定淋巴细胞蛋白质的组成（当时蛋白质的发现才 30 年的历史，并被认为是细胞中最重要的物质）。米歇尔为了获得更多的实验材料，便到附近的诊所去搜集伤员们的绷带，想从脓液里得到淋巴细胞。米歇尔研究的目的是要分析这些细胞质里的蛋白质组成，因此他用各种不同浓度的盐溶液来处理细胞，希望能使细胞膜破裂而细胞核仍然保持完整。当他用弱碱溶液破碎细胞时，突然发现一种奇怪的沉淀产生了，这种沉淀物各方面的特性都与蛋白质不同，它既不溶解于水、醋酸，也不溶解于稀盐酸和食盐溶液。米歇尔意识到这一定是一种未知的物质，当他用不同浓度的盐溶液破碎细胞时好比是用不同孔径的筛子在搜寻这种物质，一旦盐浓度适当，该物质就被筛选沉淀出来了。那么这种物质是在细胞质里还是在细胞核里呢？为了搞清这个问题，他用弱碱溶液单独处理纯化的细胞核，并在显微镜下检查处理过程，终于证实这种物质存在于细胞核里。

米歇尔忘我地工作，1869 年从春天到秋天，他用上述方法在酵母、动物

和肾脏和精巢以及有核（如鹅）的血红细胞中都分离到这种未知物质。这些研究结果使他相信这种物质在所有生物体的细胞核里都存在，于是他把它定名为"核质"。

说来也巧，当米歇尔把这一重大发现向他的老师霍普·塞勒报告时，霍普·塞勒同时也收到了另一个学生的报告，发现了另一种未知物质——卵磷脂。这两种未知物质都含有较多的磷元素，这样霍普·塞勒不得不谨慎地决定重复他们的实验，因此，直到1871年才发表这两位学生的文章。又过了若干年，霍普·塞勒的另一个学生科塞尔（1853－1927）经过10多年的研究搞清了酵母、小牛胸腺等细胞的核质是由四种核苷酸组成，其碱基酸组成分别为腺嘌呤（A）、鸟嘌呤（G）、胸腺嘧啶（T）和胞嘧啶（C）。而核酸组成成分中的另一个碱基尿嘧啶（U）的发现和鉴定则是20世纪初的事了。因为这类物质都是从细胞核中提取出来的，而且又都表现酸性，故改称为"核酸"。然而，实际上一直到了多年以后才有人从动物组织和酵母细胞分离出不含蛋白质的真正核酸。

酶

人们在日常生活中发现酵母能使果汁和谷类加速转化成酒，这种转化过程叫做发酵。1680年列文虎克首先发现酵母细胞，一个半世纪以后，法国物理学家卡格尼亚尔·德拉图尔使用一台优质的复式显微镜，专心研究酵母，他仔细观察了酵母的繁殖过程，确定酵母是活的。这样，在19世纪50年代，酵母成为热门的研究课题。

人们还发现在肠道里也进行着类似于发酵的过程：1752年，法国物理学家列奥米尔用鹰做实验对象，让鹰吞下几个装有肉的小金属管，管壁上的小孔能使胃内的化学物质作用到肉上。当鹰吐出这些管子时，管内的肉已部分分解了，管中有了一种淡黄色的液体。

1777年，苏格兰医生史蒂文斯从胃里分离出一种液体（胃液），并证明了食物的分解过程可以在体外进行。这样，人们知道了胃液里含有某种能加速肉分解的东西。1834 年，德国博物学家施旺把氯化汞加到胃液里，沉淀出一种白色粉末。除去粉末中的汞化合物，把剩下的粉末溶解，得到了一种浓度非常高的消化液，他把这种粉末叫做"胃蛋白酶"（希腊语中的"消化"之意）。至此，科学家又从胃里找到了一种消化食物的催化剂，它就是没有生命的"酶"。

同时，两位法国化学家帕扬和佩索菲发现，麦芽提取物中有一种物质，能使淀粉变成糖，变化的速度超过了酸的作用，他们称这种物质为"淀粉酶制剂"（希腊语中的"分离"之意）。

列文虎克

科学家们把酵母细胞一类的活体酵素和像胃蛋白酶一类的非活体（无细胞结构的）酵素做了明确的区分。1878 年，德国生理学家库恩提出把后者叫做酶（希腊语中的"在酵母中"之意）。库恩当时根本没有意识到，"酶"这个词以后会变得那么重要、那么普遍。1897 年，德国化学家毕希纳用砂粒研磨酵母细胞，把所有的细胞全部研碎，并成功地提取出一种液体。他发现，这种液体依然能够像酵母细胞一样完成发酵任务。这个实验，证明了活体酵素与非活体酵素的功能是一样的。

因此，"酶"这个词现在适用于所有的酵素，而且是使生化反应的催化剂。由于这项发现，毕希纳获得了 1907 年的诺贝尔化学奖。

酶到底是一种什么物质？这个问题使人们困惑了好长时间。美国康奈尔大学的生物化学家萨姆纳与洛克菲勒研究院的化学家通过实验揭开酶的面纱，并因此分享了 1946 年的诺贝尔化学奖。

酶是生物体内产生的有催化能力的蛋白质，是生命的催化剂。催化剂能加速化学反应，而它本身的量和化学性质在化学反应后不发生改变。

一切酶分子都是由许许多多氨基酸分子组成的高分子蛋白质，分子量在

1万~100万之间。天然酶分子有单纯酶与结合酶两类，前者的分子组成只含蛋白质，后者的分子组成中除蛋白质外还含有非蛋白质成分，有的还含有金属离子。酶分子内非蛋白质成分称为辅因，辅因与酶蛋白的结合物称全酶。只有全酶才能行使催化功能。

酶有高效催化本领。酶能使化学反应的速度提高 10^6~10^{12} 倍，一个酶分子在1分钟内能使几百个到几百万个底物分子转化。一个人吃了两个汉堡包，吃后感到肚子饱了。然而过不了几小时又觉得饿了。两个汉堡包里面的淀粉、脂肪和蛋白质到哪里去了呢？它们被消化掉了。它们在酶的催化下变成简单的有机分子，由肠壁吸收了。参加这一化学反应的酶主要是淀粉酶、脂肪酶和蛋白酶。没有这些酶参加活动，汉堡包可能还是汉堡包，不会发生什么变化。这就是酶的神奇功能。

酶具备高度的专一性。一种酶只能催化一种化学反应。到目前为止，在自然界中发现的酶大约有3 000种，它们催化的化学反应也有3 000种左右。一种酶只控制和调节一种化学反应。一个人患消化不良的病，很可能是缺少胃蛋白酶引起的，吃上一点药用胃蛋白酶就可以治疗。

生物体内分布着不同功能性质的酶，因此具有不同生活习性，如驴、马、牛、羊以草为粮，而豺、狼、虎、豹却以肉为粮。同一生物个体内的不同组织器官也存在功能殊异的酶。消化道内有各种消化酶以助消化、吸收营养物质；肝脏内的酶能合成蛋白质、糖原和脂肪，还能把毒物清除出去；各种腺体内的酶能合成调节新陈代谢的各种激素，甚至男女性征、生儿育女也有赖于酶的参加。

酶对外界条件很敏感，因此很不稳定。高温、强酸、强碱和某些重金属离子会导制酶失去活性，不起作用。酶一般难以保存，给广泛应用带来不小的困难。

根据酶的功能，通常将酶分为：①氧化还原酶类。分氧化酶和脱氢酶两种，在体内参与产能、解毒和某些生理活性物质的合成。②转移酶类。参与核酸、蛋白质、糖及脂肪的代谢与合成。③水解酶类。这类酶催化水解反应，使有机大分子水解成简单的小分子化合物。例如，脂肪酶催化脂肪水解成甘油和脂肪酸，是人类应用最广的酶类。④裂合酶类。这类酶能使复杂的化合物分解成好几种化合物。⑤异构酶类。它专门催化同分异构化合物之间的转化，使分子内部的基团重新排列。例如，葡萄糖和果糖就是同分异构体，在葡萄糖异构酶催化下，葡萄糖和果糖之间就能互相转化。⑥合成酶类。这类酶使两种或两种以上的生命物质化合而成新的物质。

　　许多酶构成一个有规律的酶系统，它们控制和调节复杂的生命的代谢活动。早期的酶工程技术主要是从动物、植物、微生物材料中提取、分离、纯化制造各种酶制剂，并将其应用于化工、食品和医药等工业领域。20世纪70年代后，酶的固定化技术取得了突破，使固定化酶、固定化细胞、生物反应器与生物传感器等酶工程技术迅速获得应用。随着第三代酶制剂的诞生，应用各种酶工程技术制造精细化工产品和医药用品及其在化学检测、环境保护等各个领域的有效应用，使酶工程技术的产业化水平在现代生物技术领域中名列前茅，并正在与基因工程、细胞工程和微生物工程融为一体，形成一个具有很大经济效益的新型工业门类。

知识点

催化剂

　　催化剂又叫触媒，是指在化学反应里能改变（加快或减慢）其他物质的化学反应速率，而本身的质量和化学性质在反应前后（反应过程中会改变）都没有发生变化的物质。催化剂具有高度的选择性，但一种催化剂并非对所有的化学反应都具有催化作用，某些化学反应也并非只有唯一的催化剂。

延伸阅读

人工酶

酶之所以有很强的催化作用，跟它特有的结构有关。酶有一个活化中心，即它的催化基团。在化学反应中，催化基团处在两个底物小分子中间，把两个小分子紧紧地拉在周围，使它们结合起来。这就好比一个大人的两只手拉住两个小孩使他们亲近。酶的这种作用能大大加速生物化学反应。

自然界里的酶往往难以提纯，生产成本又高，于是寻求人工合成酶就成为热门的研究课题。

研制人工酶还处在开始阶段，经过几年的努力已经取得重大的进展。目前研制的人工酶，它的催化速度已接近天然酶，也就是说能使化学反应的速度提高 1 亿倍以上（天然酶通常是 100 亿 ~ 10 000 亿倍）。只要设计得当，人工酶的催化速度还可以提高。这就足以说明，在酶工程研究领域，人工酶是大有可为的。

ATP

木柴燃烧，就会生火发热，木柴里的能量通过"火"和"热"散发出来。人吃了饭，饭在人体里也要"燃烧"放出能量，这是一个复杂的过程，称为生物氧化。木柴一旦烧完，火就灭了，也就不再放热。可是，人吃完一顿饭，能维持几天的生命。这是因为"饭"里的有用东西，变成蛋白质、糖、脂肪等物质被人体储存起来，然后慢慢地进行生物氧化，陆续释放出能量，维持人体的正常活动。生物氧化时放出的能量，不是一下子就被利用了，而是分次分批按需供应，这个过程是由 ATP 和 ADP 等物质来协调的。

ATP 是分子中由 1 个生物碱基——腺嘌呤、1 个核糖和 3 个磷酸组成的物质，叫腺三磷或三磷腺苷。其中 A 代表腺嘌呤，T 代表 3 个，P 代表磷酸。

ATP 中的 3 个磷酸并排连接在一起，彼此之间有一种结合力，这种力叫磷酸键。ATP 中的磷酸键里存有很多能量，称它为高能磷酸键。含有高能磷酸键的化合物，称为高能磷酸化合物。如果 ATP 脱掉一个磷酸，高能键中的能就放出来，ATP 本身就变成二磷腺苷——ADP。ADP 也可以结合一个磷酸，收回同样多的能量，变回 ATP。由于 ATP 的这个性质，它能在人体中担当能量的"传递员"。当生物氧化过程中产生了能量后，先由 ADP 接受，即 ADP 与磷酸结合形成 ATP，能量就被储存在磷酸键里。这样，人体的哪个部位需要能量，ATP 就活动到哪里，通过脱去 1 个磷酸分子而放出能量，再变回 ADP。ATP 运输能量的效率非常高，只需有限的几个，就能把蛋白质、糖、脂肪与能量储藏库的东西"搬"到需要的地方去。

能量的来源是食物。食物被消化后，营养成分进入细胞转化为各类有机物。动物细胞再通过呼吸作用将贮藏在有机物中的能量释放出来，除了一部分转化为热能外，其余的贮存在 ATP 中。

人和动物的各项生命活动所需要的能量来自 ATP，其利用过程如下：食物→（消化吸收）→细胞→（呼吸作用）→ATP→（释放能量）→肌肉→动物运动。

运动中机体供能的方式可分两类：

一类是无氧供能，即在无氧或氧供应相对不足的情况下，主要靠 ATP、CP 分解供能和糖原无氧酵解供能（即糖原无氧的情况下分解成为乳酸同时供给机体能量）。这类运动只能持续很短的时间（约 1~3 分钟）。800 米以下的全力跑、短距离冲刺都属于无氧供能的运动。

另一类为有氧供能，即运动时能量主要来自糖原（脂肪、蛋白质）的有氧氧化。由于运动中供氧充分，糖原可以完全分解，释放大量能量，因而能持续较长的时间。这类运动如 5 000 米以上的跑步、1 500 米以上的游泳、慢跑、散步、迪斯科、交谊舞、自行车、太极拳等都属于这类运动。

由此，我们可以得到一个简单的启示：大强度的运动不可能持续很长时间，总的能量消耗较少，因而不是理想的减肥运动方式；而强度较低的运动由于供氧充分，持续时间长，总的能量消耗多，更有利于减肥。减肥的最终目的是消耗体内过多的脂肪，而不是减少水分或其他成分。

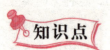

糖　原

　　糖原又称肝糖，一种广泛分布于哺乳类及其他动物肝、肌肉等组织的、多分散性的高度分支的葡聚糖。糖原形状为大小不等的颗粒，遇碘则变褐色，易溶于水。哺乳动物体内，糖原主要存在于骨骼肌（约占整个身体的糖原的2/3）和肝脏（约占1/3）中，其他大部分组织，如心肌、肾脏、脑等，也含有少量糖原。低等动物和某些微生物（如真菌、酵母）中，也含有糖原或糖原类似物。

有氧锻炼的注意事项

　　在进行有氧锻炼时应注意以下几点：

　　（1）应选择中等强度的运动，即在运动中将心率维持在最高心率的60%～70%（最高心率=220－年龄），强度过大时能量消耗以糖为主，肌肉氧化脂肪的能力较低；而负荷过小，机体热能消耗不足，也达不到减肥的目的。

　　（2）以中等强度进行锻炼时，锻炼的时间要足够长，一般每次锻炼不应少于30分钟。在中等强度运动时，开始阶段机体并不立即动用脂肪供能。因为脂肪从脂库中释放出来并运送到肌肉需要一定时间，至少要20分钟。运动的方式可根据自己的条件、爱好、兴趣而定，如走路、慢跑、跳舞、游泳等皆可。

　　（3）脂肪的储备和动用是一种动态平衡，因此要经常锻炼，切不可三天打鱼两天晒网。

激　素

　　地球上的生物都按着各自的形式进行着生命活动，这些生命活动既繁忙又复杂，可它们总是纹丝不乱、一刻不停地进行着。是什么使得机体各部分之间相互配合、如此协调地完成它们的功能呢？是激素！这是直到20世纪初才被科学家所发现的生物体自己产生的特殊化学物质。1906年，英国的斯塔林最先提出了"激素"这一名词。在有机体内，有一些器官和细胞能产生各种不同的激素，它们像忠实的信徒，随着血液在周身循环流动，把控制正常生命活动的信息带给某些器官和组织。地球上的动物、植物都是通过激素的调节和控制，维持着正常的生命活动的。如果激素的作用受到干扰，就会影响生物体的正常生长，甚至引起病变和死亡。动物体内的激素是由内分泌腺分泌的。人体主要的内分泌腺有脑垂体、松果体、甲状腺、甲状旁腺、胸腺、胰岛、肾上腺和性腺等，分泌的激素有各种促激素、生长激素、甲状旁腺素、胸腺素、胰岛素、肾上腺素、性激素等数十种激素。人类研究得较多的是胰岛分泌的胰岛素。最早开始研究的是两位加拿大科学家班丁和麦克劳德。

　　班丁1916年从医学院毕业，在第一次世界大战中成为军医，战后在多伦多市当外科住院医师。他的业余爱好就是研究糖尿病。当时人们已在推测糖尿病可能与胰腺分泌的特殊物质有关，并把这一分泌物称为"胰岛素"。因此，有人就用动物的胰腺尝试着治疗糖尿病，但都没有收到预料的效果。班丁认为：糖尿病人服用动物胰腺后，可能胃液将其中的激素破坏了，使它无法进入血液降低血糖。如果将胰腺中的胰岛素分离出来，通过注射进入血液，可能达到降低血糖的作用。但这一设想实施起来却遇到了重重困难。班丁在寻求帮助时，获得了当时著名的实验糖尿病专家、生理学教授麦克劳德的支持。

　　班丁从未做过系统的实验研究，缺乏测定血糖、尿糖、尿氮的实验技术，于是麦克劳德帮助他进行实验设计。实验结果是提取物确有降低血糖和尿糖的作用，于是，他们开始用提取的方法批量生产胰岛素以供临床治疗之用。

SHENGWUHUAXUE QIYUJI

他们因此获得了 1923 年的诺贝尔生理学或医学奖。

当胰岛素分泌不足时，血液中血糖含量升高，随着尿液排出，形成糖尿病；当胰岛素分泌过多时，又会使血糖浓度下降，产生低血糖症。这两种情形都会引起体内糖代谢的紊乱。胰岛素的发现，为临床治疗提供了新的药品，也推动了蛋白质化学的理论研究。胰岛素是由 51 个氨基酸组成的多肽，各种动物的胰岛素虽然有些差异，但基本结构是相似的。许多科学家都尝试过将 51 种氨基酸通过人工合成的方法获得胰岛素结晶。1965 年，我国科学家经过 6 年零 9 个月的工作，在世界上首次用人工的方法合成了具有生物活性的结晶牛胰岛素。1971 年，又成功地测定了胰岛素晶体的空间结构。由于胰岛素在临床治疗上需要量很大，人们一直在寻求提高工业生产胰岛素产量的有效方法。随着 20 世纪 70 年代基因重组技术的问世，像胰岛素这样的药物就可以通过基因重组细菌发酵生产了。1978 年，通过基因重组的大肠杆菌首次成功地产生了人胰岛素。1982 年，通过基因工程生产的人胰岛素即投入了商品市场。过去从牛、羊、猪的胰腺中提取胰岛素，如每生产 100 克猪胰岛素需要从 750 千克猪胰中提取，工作量大，产量也远远供不应求，价格昂贵。通过基因工程生产胰岛素，每 2 000 升细菌培养液中就可提取 100 克，而且比猪胰岛素对人体更安全。

在长期细致的观察和实验中发现：除了高等动物以外，昆虫体内也有激素存在，它们个体虽小，但同样有完备的内分泌器官，分泌重要的激素。已发现的昆虫体内激素多达 10 多种，其中脑激素、保幼激素、蜕皮激素、滞育激素为主要激素。它们共同调节、控制着昆虫的生长、蜕皮、变态、生殖、滞育等生理环节。某种激素缺少或过多，都会对昆虫产生特殊的影响。因此，人们可利用昆虫体内激素变化的规律来控制昆虫的生理过程。例如在害虫的幼虫期，可大量地给予某种激素，促使害虫提前或推迟蜕皮、羽化；扰乱昆虫的正常生活规律，使害虫产生畸形或不育，减少虫害。

另外，昆虫在一定的时间和场合，还能向体外释放具有挥发性的外激素，如性外激素、聚集外激素、警告外激素、追踪外激素等，用来警告、引诱、通知同伴，达到某种目的。

许多雌蛾常在夜间释放性外激素，有时可扩散到几千米以外，雄蛾通过触角感受到这种特殊物质以后，就会飞来同雌蛾交配；当小蠹虫甲虫发现了寄主植物之后，会分泌聚集外激素，把分散的小蠹甲虫聚集到一起；个别蚜虫发现七星瓢虫、草蛉等天敌时，会释放警告外激素，通知同伴警惕；蜜蜂通过释放追踪外激素，使自己不管飞出多远，仍能准确无误地返回蜂箱……

20世纪20年代，人们发现植物体内也有激素——植物激素，它们在植物体内的含量非常少，一般只占植物鲜重的百万分之几，但却有着显著的调节和控制植物生长发育的作用。这些激素包括生长素、赤霉素、细胞分裂素、脱落酸、乙烯等五大类，它们能够促进细胞的生长和分裂、生根、发芽、开花、结果、催熟、防衰老、抑制节间伸长、侧芽生长、休眠、落叶等植物生理活动。

生长素能够促进细胞生长。如果你注意观察的话，会发现窗台上的盆栽花的枝和叶总是向着窗外光线充足的方向生长的，这就是植物的向光性。为什么植物的枝叶会主动朝着向光面呢？因为光线会改变植物体内生长素的分布，向光面的生长素分布少，细胞生长就慢；背光面的生长素分布多，细胞生长较快，这样，枝条就向生长慢的一侧弯曲。植物的向光性使植物能够得到足够的光照，有利于生长。生长素还能促进果实发育，防止落花落果。但如果浓度太高，也能抑制植物的生长。

如果将一块刚收获的马铃薯种到地里，是不可能发芽的，因为马铃薯有休眠期。而赤霉素就有打破某些作物休眠的作用。采用赤霉素打破马铃薯的休眠期，有利于提高出苗率。赤霉素还能大大增加植物的株高，矮玉米经赤霉素处理后可长得跟正常玉米一样高大，它具有跟生长素类似的促进生长的作用。

俗话说："秋风扫落叶"。其实树叶并不是被秋风吹落的，而是植物体内的脱落酸起的作用。脱落酸能促进叶柄的衰老和脱落，这是植物在长期的进化过程中产生的一种适应。在寒冬到来之前，植物脱去叶片，防止水分大量蒸发，使芽处于休眠状态，抵御寒冷的侵袭。

一箱水果中，只要有一只成熟的果实，就能引起整箱水果很快地成熟。这是因为乙烯的催熟作用。成熟果实能释放出乙烯，这种乙烯能促进邻近果

实很快成熟，新成熟的果实又产生大量的乙烯，以致很快导致整箱果实的成熟。另外，乙烯还能促进雌花的发育。

五大类激素共同影响着植物的生理活动，随着科学日新月异的发展，可望在农业生产中更合理地利用这些激素来提高作物产量，为人类提供更富足的农产品，缓解人类所面临的日益严重的粮食和资源危机。

内分泌腺

内分泌腺是没有分泌管的腺体。它们所分泌的物质（即激素）直接进入周围的血管和淋巴管中，由血液和淋巴液将激素输送到全身。人体内有许多内分泌腺分散到各处。有些内分泌腺单独组成一个器官，如脑垂体、甲状腺、胸腺、松果体和肾上腺等。另一些内分泌腺存在于其他器官内，如胰腺内的胰岛、卵巢内的黄体和睾丸内的间质细胞等。

"侏儒症"和"巨人症"

生长激素是脑垂体细胞分泌的蛋白质，是一种肽类激素。生长激素的主要生理功能是促进神经组织以外的所有其他组织生长；促进机体合成代谢和蛋白质合成；促进脂肪分解；抑制葡萄糖利用而使血糖升高等作用。生长激素能够促进生长期的骨骺软骨形成，促进骨及软骨的生长，从而使躯体增高。人在幼年时，如果生长激素分泌不足，会导致生长发育迟缓，身体长得特别矮小，这就是"侏儒症"。而如果生长激素分泌过多，则可引起全身各部过度生长，其中骨骼生长尤为显著，致使身材异常高大，这就是"巨人症"。

生命遗传的神奇与多变

生命的基本特征是以遗传作为维系纽带的个体发育与种群进化的世代递进。世间生命就是在一代又一代的遗传中得到延续和发展的。在繁衍不息的生命遗传中，生命体中总是保持着某种程度的相似，但其中又有一些个体表现出某种特别之处，这就是生命遗传的神奇和多变，同时，也是物种形成和生物进化的基础。

孟德尔豌豆遗传实验

孟德尔选用豌豆做遗传试验有特定的理由：孟德尔发现，豌豆是闭花授粉的植物，由于长期的闭花授粉，保证了豌豆的纯洁性，也就是说，一个开红花的豌豆品种，后代也开红花，高秆的豌豆后代也绝对不会出现矮秆的；在豌豆中，红花与白花、高秆与矮秆、圆粒与皱粒是那样泾渭分明。这6些泾渭分明的一对一对的豌豆花色、粒形等称为相对性状。正是由于豌豆的遗传相对性状泾渭分明，而闭花授粉的特点，又使它们的遗传相对性状十分稳定，用具有这样特点的植物作研究，很容易观察到受异种花粉影响的效果。

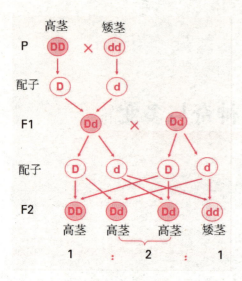

孟德尔豌豆实验示意图

豌豆虽然是闭花植物，但花形比较大，用人工的办法拔除豌豆花中的雄蕊，给雌花送上花粉是容易办到的。

孟德尔胸有成竹地开始了前人没有进行过的遗传实验。他一丝不苟地拔除了红花豌豆的雄花，送上白花豌豆的花粉，得到了杂种第一代（F1），第一代种子长出的豌豆开的是红花。让这第一代豌豆闭花授粉，得到了第二代种子（F2），当第二代种子长出的植株开花时，除了 3/4 的植株开红花外，还有 1/4 的植株开的是白花。孟德尔把第一代出现的那个亲本的性状叫做显性性状，而未表现出来的那个亲本性状就叫做隐性性状。把第二代中两个亲本的性状同时出现的现象称为"分离现象"。孟德尔在用豌豆做杂交试验时，仔细地观察了如下 7 对差别鲜明的性状：

花的颜色：红色与白色；

种子的形状：圆形和皱形；

叶子的颜色：黄色和绿色；

开花的位置：腋生（即枝叉生）和顶生；

成熟豆荚的形状：饱满和萎缩；

植株的高度：高和矮。

最初的试验是将上述单个性状上有明显差别的两种豌豆（亲本）杂交，上述 7 组相对性状分别做了 7 次杂交。7 次杂交的结果具有惊人的一致性。那就是杂种一代都只出现一个亲本的性状，例如开红花的植株与开白花的植株杂交，杂种一代总是清一色的红花；子叶是黄色的豌豆与子叶是绿色的豌豆杂交，子一代总是具有黄色子叶的性状等等，这种在杂种一代中只出现杂交双亲中一个亲本性状的现象在孟德尔观察的 7 对相对性状的杂交中，无一例外。此外，当杂种一代自花授粉时，得到了杂种二代种子。在 7 次杂交的杂种二代中，都出现了两个杂交亲本的性状，即都出现分离现象。更有趣的是杂种二代中，第一代出现过的那个亲本的性状（即显性性状）和第一代未出现的那个亲本的性状（即隐性性状）都为3∶1。

为什么会出现这种现象？孟德尔作了科学的分析，他认为 F2 不同类型的数目，是由于两种花粉细胞，对两种卵细胞随机受精的结果，从而推断出生物的性状是由某种遗传因子所控制的。比如说，豌豆的高茎和矮茎分别是由一对遗传因子决定的，高茎的遗传因子用 DD 表示，矮茎的用 dd 表示。在 F1 中表现出来的叫显性因子（如 DD），没有表现出来的叫隐性因子。因此，当用 F1 自交时必然会发生分离纯合子表现为显性性状或隐性性状，而杂合子则均表现为显性状，所以得到显性和隐性的3∶1的比例。例如，含有 D 和 d 的杂种一代在产生配子时，D 和 d 的数目是相等的，而各种不同的配子在结合时又有着同等的机会，所以在 F2 中表现为 DD（1）∶Dd（2）∶dd（1）或高∶矮 =3∶1 的规律。

这种解释是否正确，孟德尔用杂种子一代跟亲本回交的方法作了进一步的验证。他让子一代的杂合高茎（Dd）豌豆与纯合显性亲本（DD）或纯合隐性亲本（dd）交配。按照上述分离假设，杂合子一代（Dd）必定产生 D 和 d 两种配子。而纯合亲本（DD 或 dd）只产生 D 或 d 一种配子。因此，让杂合一代跟纯合显性亲本交配，后代必定都是高茎豌豆，没有矮茎豌豆；如果让杂合一代跟纯合隐性亲本交配，其后代必定是高茎豌豆和矮茎豌豆各半。实验的结果跟预期的完全一致，证明分离假设是正确的。后来，人们发现很多生物性状的遗传都符合孟德尔的遗传因子杂交分离假设，因此就把孟德尔发现的一对遗传因子在杂合状态下并不相互影响，而在配子形成时又按原样分离到配子中去的规律，叫分离定律。

分离定律告诉我们：第一，个体上的种种性状是由基因决定的；第二，基因在体细胞中成双存在，在生殖细胞中则是成单的；第三，基因由于强弱不同，有显性和隐性现象，F2 显性和隐性的比率是3∶1；第四，遗传性状和遗传基础是有联系又有区别的，遗传性状指的是个体所有可见性状的总和。遗传学上叫做表现型，而遗传基础则是指个体所有的遗传内容的总和，遗传学上叫做基因型。不同的基因型有不同的表现型，也可以有相同的表现型。

例如：DD 的表现为高茎，dd 的表现为矮茎；而 DD 和 Dd 则均表现为高茎。DD 和 Dd 虽然表现型是相同的，但它们的基因型是不同的。因此，它们在性状遗传上是有差别的。DD 的后代总是高茎，而 Dd 的后代则有分离。

分离定律对于我们掌握育种工作的主动权是很有帮助的。比方说，根据分离定律，F1 往往表现一致，从 F2 开始会有连续几代的性状分离。因此，在动植物的杂交育种工作中，我们应从 F2 就要进行选择；同时，采取连续自交的方法，继续繁殖并观察后代的表现，以鉴定所选择的类型在遗传上是否稳定。

此外，分离定律还能帮助我们弄明白近亲繁殖不好的道理。分离定律告诉我们，儿女的基因一半来自父方，一半来自母方，因此父母的亲生儿女之间有 1/2 的基因是相同的，依此类推，同胞兄妹之间有 1/4 的基因是相同的……就是说，近亲在遗传学上来说，意味着他们有很多基因是相同的。因为这个缘故，近亲结婚致病基因结合的机会比非近亲结婚大得多，从而使隐性遗传病的发生率增高。据估计，正常人身上每人都带有五六种隐性病基因，由于是杂合的，被等位的正常显性基因所掩盖，并不表现病态。在群体中，你带有这五六种隐性致病基因，他带有五六种隐性致病基因，不容易造成同一种隐性致病基因相遇（纯合）。在近亲之间，由于有许多基因是相同的，这就容易导致后代出现隐性遗传病患者。所以，我国的婚姻法规定"三代以内的旁系血亲"，禁止结婚。

知识点

杂 交

杂交是指两种基因型不同的生物体相互交配的过程。通过卵和精子结合产生杂种的，称作有性杂交；通过营养器官相互接合的（如嫁接等），称作无性杂交。亲缘较远的生物体之间杂交，称作远缘杂交。参与杂交的个体称作亲本，如雄性的亲本称作父本，雌性的亲本称作母本。如果杂交过程是在自然条件下进行的，称作自然杂交；在人工控制下进行的称作人工杂交。

　　人工杂交是育种工作中最常用的一种方法。杂交产生的杂种后代带有双亲的遗传性状，通过定向培育，使双亲的优良性状综合到杂种的后代中去，选育出新的优良品种。例如曾被评为国家科技成果特等奖的籼型杂交水稻，就是利用野生稻种和栽培稻种杂交选育而成。

延伸阅读

"怪人"孟德尔

　　1857年，捷克第二大城市布尔诺修道院里来了个奇怪的修道士。这个怪人在修道院后面开垦出一块豌豆田，终日用木棍、树枝和绳子把四处蔓延的豌豆苗支撑起来，让它们保持"直立的姿势"，他甚至还小心翼翼地驱赶传播花粉的蝴蝶和甲虫。这个怪人就是孟德尔。

　　孟德尔出身于贫寒农家，很喜欢自然科学，对宗教和神学了无兴趣。为了摆脱饥寒交迫的生活，他不情愿进入修道院，成为一名修道士。当时的欧洲，人们热衷于通过植物杂交实验了解生物遗传和变异的奥秘，而研究遗传和变异首先要选择合适的实验材料，孟德尔选择了豌豆。1857年夏天，孟德尔开始用34粒豌豆种子进行他的工作，开始了被人称为"毫无意义的举动"的一系列实验，并持续了8年时间。后来的事实证明，就是这个"怪人"成为了人类遗传学之父。

生命的遗传物质——DNA和RNA

　　在生命的复制中，最重要的是DNA，DNA位于染色体上，而染色体只是DNA的载体。

　　在遗传中，真正的遗传信息是包含在DNA中的。所以，科学家们用一句话概括了DNA的重要性：DNA是生物的遗传物质。之所以龙生龙，凤生凤，老鼠的儿子会打洞，都是由于各种生物的 DNA 所包含的信息各不相同。

即使是科学家用克隆技术来复制生命个体，其实质还是将亲代的 DNA 全部地、完整地、丝毫不差地转移到子代中去，从而来制造出一个同亲代一模一样的子代。

DNA 是什么？虽然早在 1869 年科学家就发现了 DNA，但 DNA 的组成、结构及其生物功能，长达 70 多年竟然无人知晓。

1909 年，科学家利文发现酵母的核酸含有核糖。那么是否所有的核酸都会有核糖呢？为了解答这个问题，利文又继续研究了 20 年之久。1910 年，他发现了动物细胞的核酸含有一种特殊的核糖——脱氧核糖。于是人们认为核糖是植物细胞所具有的，脱氧核糖是动物细胞所具有的，因此，这就是植物和动物核酸的区别了。

直到 1938 年，人们才纠正了这一错误的看法。人们认识到酵母中对酸比较稳定的核酸是核糖核酸（简作 RNA），在胸腺细胞中抽提纯化出来的对酸不稳定的核酸是脱氧核糖核酸（DNA）。所有的动植物的细胞中都含有上述两大类核酸。过去之所以能观察到酵母和胸腺细胞核酸的显著区别，是由于它们恰恰分别含 RNA 和 DNA 特别多的原因。以后人们还认识到 RNA 和 DNA 不单在核糖上有上述区别，而且在碱基组成上也有区别，RNA 含尿嘧啶。DNA 含胸腺嘧啶，这是两者所特有的性质。

1948 年以来，美国生物化学家查加夫开展了一系列有关核酸化学结构的分析研究工作。他发现了 DNA 的 4 种碱基腺嘌呤（A）、鸟嘌呤（G）、胞嘧啶（C）和胸腺嘧啶（T）中，腺嘌呤（A）和胸腺嘧啶（T）的比例是一致的，而鸟嘌呤（G）和胞嘧啶（C）的比例是一样的。也就是说，［A］＝［T］，［G］＝［C］，［A＋G］＝［T＋C］。这一研究成果的意义是十分重大的，它直接为 DNA 双螺旋结构中碱基配对的原则奠定了化学基础。

以后人们对查加夫的研究做了大量普查工作，结果发现，从最低等的病毒、细菌到真菌藻类，以至高等动植物中所提取的 DNA 都符合这种比例。

DNA 分子上的各个功能片段，以碱基排列顺序的方式，储存着生物体内所有的遗传信息。DNA 的主要功能是作为复制和转录的模板。

（1）复制功能。复制是指遗传信息从亲代 DNA 传递到子代 DNA 的过程。

也就是以亲代 DNA 为模板,按照碱基配对的原则(A－T、C－G 配对)进行子代 DNA 合成的过程。通过一次 DNA 的合成,DNA 分子由 1 个分子变成了 2 个分子;而这 2 个子代 DNA 分子中包含的遗传信息与亲代 DNA 分子所携带的遗传信息完全一样,体现了亲代与子代 DNA 序列的一致性,即遗传过程的相对保守性。通过 DNA 的复制,人体的遗传信息可以一代一代地传下去,保持人类的延续性。

(2)转录功能。转录是指以 DNA 为模板,按照碱基配对的原则(A－U、T－A、C－G 配对)合成 RNA 的过程。通过转录,DNA 分子中的碱基序列转录成 RNA 中的碱基序列。转录生成的 3 种主要 RNA(mRNA、tRNA 和 rRNA)均与蛋白质的合成有密切关系,而蛋白质是各种生命活动的基础。因此,DNA 分子上包含的遗传信息是决定蛋白质中氨基酸序列的原始模板,它在生命活动中起决定性作用。

遗传学家其实早就怀疑 DNA 具有遗传物质的功能。1924 年,生物学家弗尔根发明了细胞核中染色体的染色方法,发现大多数动植物细胞几乎所有的核里,尤其是染色体上都有 DNA 存在。以后又证明了 DNA 是染色体的主要组成部分。当时基因已经被证明在染色体上,并且获得了遗传学界比较广泛的承认。这些都是非常有力的证据。

1948 年,生物学家万德尔、米尔斯基和赖斯等相继发现,在同一种生物体的不同组织的细胞里,每个单体染色体组的 DNA 的含量是个常量,并且发现 DNA 有倍数变化。例如,他们查明在黄牛的肝细胞里 DNA 的含量是 6.5×10^{-9} 毫克,而它的精子细胞里的 DNA 含量只有 3.4×10^{-9} 毫克,恰好是体细胞的 DNA 含量的一半,这同染色体在细胞里的存在形式是完全一致的。

这无疑是 DNA 作为遗传物质的重要证据。

随着细胞学染色技术的发展和核酸酶的运用,人类弄清了两种核酸在细胞中的分布。瑞典细胞化学家卡斯佩尔森用脱氧核糖核酸酶分解 DNA 的方法,证明 DNA 只存在于细胞核中,RNA 主要分布在细胞质里,但核仁里也有 RNA。1948 年,又有人发现染色体中有少量 RNA,细胞质中也有 DNA。20 世纪 40 年代把染色体从生物细胞中分离出来,直接分析其化学成分,确定 DNA 是构成染色体的重要物质。还发现同种生物的不同细胞中 DNA 的质和量是恒定的，并且在性细胞中，DNA的含量正好是体细胞中含量的一半。用紫外线进行引变处理，在波长2 600埃处效果最大，因为这个波长正是DNA的吸收峰。这些都成为DNA是遗传物质的间接证据。

证实DNA是遗传物质的试验整整进行了16年，并经过几位科学家的不断重复和验证。这是遗传学史上最长的一个"马拉松"试验。1928年，英国的科学家格里菲思做了转化实验。格里菲思采用的试验材料是肺炎双球菌，这是一种引起人类肺炎的病菌，它也可以使小家鼠发病。如果把感染了肺炎双球菌的病人的痰注射到小家鼠体内，24小时内家鼠就会死亡。用显微镜检查死鼠的心脏，可以观察到大量的肺炎双球菌。这种病原菌体呈成对球状。仔细看，它外面包裹着一层很厚的透明的"衣服"，这叫荚膜，细菌就靠这层荚膜抵挡被感染动物的细胞对它的抵抗，所以这些荚膜几乎成为肺炎双球菌毒性的象征了。

当人工培养肺炎双球菌时，它能在培养基上形成菌落（即克隆）。由于菌落周围比较光滑，因而人们把这种类型的菌叫做光滑型，记为S型。培养S型肺炎双球菌可以得到一种新的无毒性突变型R型肺炎双球菌，它之所以无毒就是因为它没有荚膜，因而这种R型肺炎双球菌不能抵抗生物体细胞对它的抵抗。所以将这种R型肺炎双球菌注射到小家鼠身体中，按理小家鼠应该健康无恙。

可是格里菲思却发现了例外情况：他将一个正常的能致病的S型肺炎双球菌的样品加热杀死，然后与一个不致病的R型肺炎双球菌样品混合，注射至小家鼠体内。结果他惊奇地发现小家鼠死了。他把这些莫明其妙死亡的家鼠的心脏中所存在的细菌加以分离和检查，发现它们竟然都是S型肺炎双球菌。怎么S型肺炎双球菌"死而复活"了？而在此之前，格里菲思用R型肺炎双球菌样品和加热处理的S型肺炎双球菌样品分别注射的两组小家鼠都没有死，这说明加热处理的S型肺炎双球菌确确实实已经被杀死了。

格里菲思一遍又一遍地重复上述试验，结果却是家鼠一批一批地死亡。最后，他只能下结论：家鼠之所以成批地"死亡"，实验中的S型细菌之所以会"死里逃生"，是由于加热杀死的S型肺炎双球菌使那些无毒的活着的R型肺炎双球菌转化为S型肺炎双球菌了。

这说明了一个什么问题呢？这说明在被加热杀死的 S 型肺炎双球菌中存在一种物质，这种物质很明显是一种遗传物质，它可以将 R 型的无毒的肺炎双球菌转化为有毒的 S 型肺炎双球菌。而这个实验的结果太出乎人们意料了，所以成为遗传学家们注意的焦点。于是许多生物学家前赴后继，继续重复格里菲思的试验。

1931 年后，人们证实，造成小家鼠死亡确实是由于 S 型肺炎双球菌"死而复活"，因为只要把活的 R 型肺炎双球菌及加热杀死的 S 型肺炎双球菌混合，放在三角瓶里振荡培养，无毒的 R 型肺炎双球菌也可以变成有毒的 S 型肺炎双球菌。又过了两年，生物学家又证实：把 S 型肺炎双球菌的细胞弄破，用由此而获得的提取液加到生长着的 S 型肺炎双球菌里，也能产生这种 R→S 的转化作用。

1944 年，艾弗里等 3 位科学家才阐明了转化因子的化学本质。

从格里菲思的试验中我们知道，在被加热杀死的 S 型肺炎双球菌中一定有一种物质使 R 型肺炎双球菌转化为 S 型肺炎双球菌，所以艾弗里认为，问题的关键是要把这种物质找出来，于是他们就对被加热杀死的 S 型肺炎双球菌的提取液的所有成分进行了彻底清查。他们用一系列化学和酶催化的方法把各种蛋白质、类脂和多糖从提取液中除去，发现这并不会十分严重地降低 S 型肺炎双球菌和它的转化能力。这样一来，对转化因子的包围圈就大大缩小了。最后在对提取液进行一系列纯化后，三人得出结论：转化因子是脱氧核糖核酸（DNA）。

艾弗里是怎样得出这个结论的呢？第一，只要把 S 型肺炎双球菌提取液的纯化的 DNA，用只有致死剂量的六亿分之一的剂量加到 S 型肺炎双球菌的培养物中，就有产生 R→S 转化的能力；第二，这种"超效"转化因子对专门水解 DNA 的酶非常敏感，一碰上这种酶其转化功能就立即丧失殆尽；第三，R 型肺炎双球菌被转化成 S 型肺炎双球菌后，按照和 S 型肺炎双球菌一样的方法抽提它的 DNA，仍然具有使 R→S 的再次转化的能力；第四，不论是初次转化或是再次转化所产生的 S 型肺炎双球菌，它所具有的荚膜与 S 型肺炎双球菌的荚膜相比，两者的生物化学特性完全一样。

这个结论对于生物学来说，具有什么重大意义呢？三人得到了如下结论：

S 型肺炎双球菌 DNA 使 S 型肺炎双球菌永久地具有了产生荚膜的特性，并且这些 DNA 还能在 S 型肺炎双球菌中复制，成为再次转化的根源。也就是说，只有 DNA 才是遗传信息的载体。

RNA 即核糖核酸，由至少几十个核糖核苷酸通过磷酸二酯键连接而成的一类核酸。RNA 普遍存在于动物、植物、微生物及某些病毒和噬菌体内。RNA 和蛋白质生物合成有密切的关系。在 RNA 病毒和噬菌体内，RNA 是遗传信息的载体。RNA 一般是单链线形分子；也有双链的如呼肠孤病毒 RNA；环状单链的如类病毒 RNA；1983 年还发现了有支链的 RNA 分子。

1965 年 R·W·霍利等测定了第一个核酸——酵母丙氨酸转移核糖核酸的一级结构即核苷酸的排列顺序。此后，RNA 一级结构的测定有了迅速的发展。到 1983 年，不同来源和接受不同氨基酸的 tRNA 已经弄清楚一级结构的超过 280 种，5S RNA 有 175 种，5.8SRNA 也有几十种及许多 16S rRNA，18S rRNA，23S rRNA 和 26S rRNA。在 mRNA 中，如哺乳类珠蛋白 mRNA、鸡卵清蛋白 mRNA 和许多蛋白质激素和酶的 mRNA 等也弄清楚了。此外还测定了一些小分子 RNA，如 snRNA 和病毒感染后产生的 RNA 的核苷酸排列顺序。类病毒 RNA 也有 5 种，已知其一级结构，都是环状单链。MJS2RNA、烟草花叶病毒 RNA、小儿麻痹症病毒 RNA 是已知结构中比较大的 RNA。

除一级结构外，RNA 分子中还有以氢键连接碱基（A 对 U；G 对 C）形成的二级结构。RNA 的三级结构，其中研究得最清楚的是 tRNA，1974 年用 X 射线衍射研究酵母苯丙氨酸 tRNA 的晶体，已确定它的立体结构呈倒 L 形。

RNA 一级结构的测定常利用一些具有碱基专一性的工具酶，将 RNA 降解成寡核苷酸，然后根据两种（或更多）不同工具酶交叉分解的结果，测出重叠部分来决定 RNA 的一级结构。

牛胰核糖核酸酶是一个内切核酸酶，专一地切在嘧啶核苷酸的 3′-磷酸和其相邻核苷酸的 5′-羟基之间，所以用它来分解上述 AGUCGGUAG9 核苷酸，得到 AGU、C、GGU 和 AG 四个产物。而核糖核酸酶 T1 是一个专一地切在鸟苷酸的 3′-磷酸和其相邻核苷酸的 5′-羟基之间的内切核酸酶，它作用于上述 9 核苷酸，则得到 AG、UCG、G 和 UAG 四个产物。根据产物的性质，就可以排列出 9 核苷酸的一级结构。

除上述两种核糖核酸酶外，还有黑粉菌核糖核酸酶，专一地切在腺苷酸和鸟苷酸处，和高峰淀粉酶核糖核酸酶 T1 联合使用，可以测定腺苷酸在 RNA 中的位置。多头绒孢菌核糖核酸酶除了 CpN 以外的二核苷酸都能较快地水解，因此和牛胰核糖核酸酶合用可以区别 Cp 和 Up 在 RNA 中的位置。

20 世纪 40 年代，人们从细胞化学和紫外光细胞光谱法观察到凡是 RNA 含量丰富的组织中蛋白质的含量也较多，就推测 RNA 和蛋白质生物合成有关。RNA 参与蛋白质生物合成过程的有 3 类：转运核糖核酸、信使核糖核酸和核糖体核糖核酸。

知识点

染色体

染色体是细胞质中由脱氧核糖核酸（DNA）、蛋白质和少量的核糖核酸（RNA）组成的，并能进行自我复制的线状体。在科学实验中，这些线状体能够被碱性染料，故称染色体。所有细胞核内都含有染色体，而且都是成双成对地存在，但染色体的数目和形态却不同。例如，果蝇体细胞内染色体数是 8 条，玉米是 20 条，水稻是 24 条，猪是 40 条。人的染色体有 46 条，共 23 对。其中 22 对男女都一样，叫做常染色体，只有 1 对，男女有差异，叫做性染色体。在女性，这一对性染色体形态、大小完全相同，即 XX 染色体；而在男性，这一对染色体形态、大小差别很大，即 XY 染色体。生男孩还是生女孩就由这一对染色体决定。

染色体上载有一个物种的全部遗传信息，物种的区别由染色体的差别决定。染色体在细胞分裂时，能够复制出完全相同的另一套，并且分配给新生细胞，所以父母会把自己的一些遗传信息传递给子女。在子女个体发育过程中，父母的遗传信息通过个体的性状表现出来，保证了父母与子女在遗传上的延续和稳定。如果染色体的数目或结构先天异常，就会引起胎儿畸形或智力低下。

DNA 和 RNA 的发现

　　1868年，在德国化学家霍佩·赛勒的实验室里，有一个瑞士籍的研究生名叫米歇尔，他对实验室附近的一家医院扔出的带脓血的绷带很感兴趣，因为他知道脓血是那些为了保卫人体健康，与病菌"作战"而战死的白细胞和被杀死的人体细胞的"遗体"。于是他细心地把绷带上的脓血收集起来，并用胃蛋白酶进行分解，结果发现细胞遗体的大部分被分解了，但对细胞核不起作用。他进一步对细胞核内物质进行分析，发现细胞核中含有一种富含磷和氮的物质。霍佩·赛勒用酵母做实验，证明米歇尔对细胞核内物质的发现是正确的。于是他便给这种从细胞核中分离出来的物质取名为"核素"，后来人们发现它呈酸性，因此改叫"核酸"。20世纪初，德国科学家科赛尔和他的两个学生琼斯、列文继续对核酸进行研究，最终弄清了核酸的基本化学结构，认为它是由许多核苷酸组成的大分子。核苷酸是由碱基、核糖和磷酸构成的。其中碱基有4种，核糖有两种（核糖、脱氧核糖），因此把核酸分为核糖核酸（RNA）和脱氧核糖核酸（DNA）。

基因的发现、类别以及突变

基因的概念

　　基因是什么？基因是有遗传效应的 DNA 片断，是控制生物性状的基本遗传单位。

　　人们对基因的认识是不断发展的。19世纪60年代，遗传学家 G·J·孟德尔就提出了生物的性状是由遗传因子控制的观点，但这仅仅是一种逻辑推理的产物。20世纪初期，遗传学家通过果蝇的遗传实验，认识到基因存在于染色体上，并且在染色体上是呈线性排列，从而得出了染色体是基因载体的结论。

20 世纪 50 年代以后，随着分子遗传学的发展，尤其是沃森和克里克提出双螺旋结构以后，人们才真正认识了基因的本质，即基因是具有遗传效应的 DNA 片断。研究结果还表明，每条染色体只含有 1～2 个 DNA 分子，每个 DNA 分子上有多个基因，每个基因含有成百上千个脱氧核苷酸。由于不同基因的脱氧核苷酸的排列顺序（碱基序列）不同，因此，不同的基因就含有不同的遗传信息。

基因有两个特点，一是能忠实地复制自己，以保持生物的基本特征；二是基因能够"突变"，突变绝大多数会导致疾病，另外的一小部分是非致病突变。非致病突变给自然选择带来了原始材料，使生物可以在自然选择中被选择出最适合自然的个体。

含特定遗传信息的核苷酸序列，是遗传物质的最小功能单位。除某些病毒的基因由核糖核酸（RNA）构成以外，多数生物的基因由脱氧核糖核酸（DNA）构成，并在染色体上作线状排列。基因一词通常指染色体基因。在真核生物中，由于染色体都在细胞核内，所以又称为核基因。位于线粒体和叶绿体等细胞器中的基因则称为染色体外基因、核外基因或细胞质基因，也可以分别称为线粒体基因、质粒和叶绿体基因。

在通常的二倍体的细胞或个体中，能维持配子或配子体正常功能的最低数目的一套染色体称为染色体组或基因组，一个基因组中包含一整套基因。相应的全部细胞质基因构成一个细胞质基因组，其中包括线粒体基因组和叶绿体基因组等。原核生物的基因组是一个单纯的 DNA 或 RNA 分子，因此又称为基因带，通常也称为它的染色体。

基因在染色体上的位置称为座位，每个基因都有自己特定的座位。凡是在同源染色体上占据相同座位的基因都称为等位基因。在自然群体中往往有一种占多数的（因此常被视为正常的）等位基因，称为野生型基因；同一座位上的其他等位基因一般都直接或间接地由野生型基因通过突变产生，相对于野生型基因，称它们为突变型基因。在二倍体的细胞或个体内有两个同源染色体，所以每一个座位上有两个等位基因。如果这两个等位基因是相同的，

那么就这个基因座位来讲，这种细胞或个体称为纯合体；如果这两个等位基因是不同的，就称为杂合体。在杂合体中，两个不同的等位基因往往只表现一个基因的性状，这个基因称为显性基因，另一个基因则称为隐性基因。在二倍体的生物群体中等位基因往往不止两个，两个以上的等位基因称为复等位基因。不过有一部分早期认为是属于复等位基因的基因，实际上并不是真正的等位，而是在功能上密切相关、在位置上又邻接的几个基因，所以把它们另称为拟等位基因。某些表型效应差异极少的复等位基因的存在很容易被忽视，通过特殊的遗传学分析可以分辨出存在于野生群体中的几个等位基因。这种从性状上难以区分的复等位基因称为同等位基因。许多编码同工酶的基因也是同等位基因。

属于同一染色体的基因构成一个连锁群。基因在染色体上的位置一般并不反映它们在生理功能上的性质和关系，但它们的位置和排列也不完全是随机的。在细菌中编码同一生物合成途径中有关酶的一系列基因常排列在一起，构成一个操纵子。在人、果蝇和小鼠等不同的生物中，也常发现在作用上有关的几个基因排列在一起，构成一个基因复合体或基因簇或者称为一个拟等位基因系列或复合基因。

基因的发现

从孟德尔定律的发现到现在，100多年来人们对基因的认识在不断地深化。

1866年，奥地利学者 G·J·孟德尔在他的豌豆杂交实验论文中，用大写字母 A、B 等代表显性性状如圆粒、子叶黄色等，用小写字母 a、b 等代表隐性性状如皱粒、子叶绿色等。他并没有严格地区分所观察到的性状和控制这些性状的遗传因子。但是从他用这些符号所表示的杂交结果来看，这些符号正是在形式上代表着基因，而且至今在遗传学的分析中为了方便起见仍沿用它们来代表基因。

20世纪初孟德尔的工作被重新发现以后，他的定律又在许多动植物中得到验证。1909年丹麦学者 W·L·约翰森提出了"基因"这一名词，用它来指任何一种生物中控制任何性状而其遗传规律又符合孟德尔定律的遗传因子，并且提出基因型和表现型这样两个术语，前者是一个生物的基因成分，后者是这些基因所表现的性状。

1910 年美国遗传学家兼胚胎学家 T·H·摩尔根在果蝇中发现白色复眼突变型，首先说明基因可以发生突变，而且由此可以知道野生型基因 W + 具有使果蝇的复眼发育成为红色这一生理功能。1911 年摩尔根又在果蝇的 X 连锁基因白眼和短翅两品系的杂交子二代中，发现了白眼、短翅果蝇和正常的红眼长翅果蝇，首先指出位于同一染色体上的两个基因可以通过染色体交换而分处在两个同源染色体上。交换是一个普遍存在的遗传现象，不过直到 20 世纪 40 年代中期为止，还从来没有发现过交换发生在一个基因内部的现象。因此当时认为一个基因是一个功能单位，也是一个突变单位和一个交换单位。

20 世纪 40 年代以前，对于基因的化学本质并不了解。直到 1944 年埃弗里等证实肺炎双球菌的转化因子是 DNA，才首次用实验证明了基因是由 DNA 构成。

1955 年 S·本泽用大肠杆菌 T4 噬菌体作材料，研究快速溶菌突变型 rⅡ 的基因精细结构，发现在一个基因内部的许多位点上可以发生突变，并且可以在这些位点之间发生交换，从而说明一个基因是一个功能单位，但并不是一个突变单位和交换单位，因为一个基因可以包括许多突变单位（突变子）和许多重组单位（重组子）。

1969 年 J·夏皮罗等从大肠杆菌中分离到乳糖操纵子，并且使它在离体条件下进行转录，证实了一个基因可以离开染色体而独立地发挥作用，于是颗粒性的遗传概念更加确立。随着重组 DNA 技术和核酸的顺序分析技术的发展，对基因的认识又有了新的发展，主要是发现了重叠的基因、断裂的基因和可以移动位置的基因。

基因的类别

20 世纪 60 年代初，法国分子遗传学家 F·雅各布和法国分子遗传学家 J·莫诺发现了调节基因。把基因区分为结构基因和调节基因是着眼于这些基因所编码的蛋白质的作用：凡是编码酶蛋白、血红蛋白、胶原蛋白或晶体蛋白等蛋白质的基因都称为结构基因；凡是编码阻遏或激活结构基因转录的蛋

白质的基因都称为调节基因。但是从基因的原初功能这一角度来看，它们都是编码蛋白质。根据原初功能（即基因的产物）基因可分为：

①编码蛋白质的基因。包括编码酶和结构蛋白的结构基因以及编码作用于结构基因的阻遏蛋白或激活蛋白的调节基因。

②没有翻译产物的基因。转录成为 RNA 以后不再翻译成为蛋白质的转移核糖核酸（tRNA）基因和核糖体核酸（rRNA）基因。

③不转录的 DNA 区段。如启动区、操纵基因等等。前者是转录时 RNA 多聚酶开始和 DNA 结合的部位；后者是阻遏蛋白或激活蛋白和 DNA 结合的部位。已经发现在果蝇中有影响发育过程的各种时空关系的突变型，控制时空关系的基因有时序基因、格局基因、选择基因等。

一个生物体内的各个基因的作用时间常不相同，有一部分基因在复制前转录，称为早期基因；有一部分基因在复制后转录，称为晚期基因。一个基因发生突变而使几种看来没有关系的性状同时改变，这个基因就称为多效基因。

不同生物的基因数目有很大差异，已经确知 RNA 噬菌体 MS2 只有 3 个基因，而哺乳动物的每一细胞中至少有 100 万个基因。但其中极大部分为重复序列，而非重复的序列中，编码肽链的基因估计不超过 10 万个。除了单纯的重复基因外，还有一些结构和功能都相似的为数众多的基因，它们往往紧密连锁，构成所谓基因复合体或叫做基因家族。

位于一对同源染色体的相同位置上控制某一性状的不同形态的基因称为等位基因。不同的等位基因产生例如发色或血型等遗传特征的变化。等位基因控制相对性状的显隐性关系及遗传效应，可将等位基因区分为不同的类别。在个体中，等位基因的某个形式（显性的）可以比其他形式（隐性的）表达得多。等位基因是同一基因的另外"版本"。例如，控制卷舌运动的基因不止一个"版本"，这就解释了为什么一些人能够卷舌，而一些人却不能。有缺陷的基因版本与某些疾病有关，如囊性纤维化。值得注意的是，每个染色体都有一对"复制本"：一个来自父亲，一个来自母亲。这样，我们的大约 3万个基因中的每一个都有两个"复制本"。这两个复制本可能相同（相同等位基因），也可能不同。在细胞分裂过程中，染色体的外观就是如此。如果比较两个染色体（男性与女性）上的相同部位的基因带，你会看到一些基因带是相同的，说明这两个等位基因是相同的，但有些基因带却不同，说明这两个"版本"（即等位基因）不同。

拟等位基因是表型效应相似，功能密切相关，在染色体上的位置又紧密连锁的基因。它们像是等位基因，而实际不是等位基因。

传统的基因概念由于拟等位基因现象的发现而更趋复杂。摩根学派在其早期的发现中特别使他们感到奇怪的是相邻的基因一般似乎在功能上彼此无关，各行其是。影响眼睛颜色、翅脉形成、刚毛形成等等的基因都可能彼此相邻而处。具有非常相似效应的"基因"一般都仅仅不过是单个基因的等位基因。如果基因是交换单位，那就绝不会发生等位基因之间的重组现象。事实上摩根的学生早期试图在白眼基因座位发现等位基因的交换之所以都告失败，后来才知道主要是由于试验样品少。Oliver 首先取得成功，在普通果蝇的菱形基因座位上发现了等位基因不均等交换的证据。两个不同等位基因被标志基因拼合在一起的杂合子以 0.2% 左右的频率回复到野生型。标志基因的重组证明发生了"等位基因"之间的交换。非常靠近的基因之间的交换只能在极其大量的试验样品中才能观察到，由于它们的正常行为好像是等位基因，因此称为拟等位基因。它们不仅在功能上和真正的等位基因很相似，而且在转位后能产生突变体表现型。它们不仅存在于果蝇中，而且在玉米中也已发现，特别在某些微生物中发现的频率相当高。分子遗传学对这个问题曾有很多解释，然而由于目前对真核生物的基因调节还知之不多，所以还无法充分了解。

还有一种复等位基因。基因如果存在多种等位基因的形式，这种基因就称为复等位基因。任何一个二倍体个体只存在复等位基因中的两个不同的等位基因。

在完全显性中，显性基因中纯合子和杂合子的表型相同。在不完全显性中杂合子的表型是显性和隐性两种纯合子的中间状态。这是由于杂合子中的一个基因无功能，而另一个基因存在剂量效应所致。完全显性中杂合体的表型是兼有显隐两种纯合子的表型。此是由于杂合子中一对等位基因都得到表达所致。

SHENGWUHUAXUE QIYIJI

基因突变

由 DNA 分子中发生碱基对的增添、缺失或改变而引起的基因结构的改变，就叫做基因突变。

一个基因内部可以遗传的结构的改变，又称为点突变，通常可引起一定的表型变化。广义的突变包括染色体畸变。狭义的突变专指点突变。实际上畸变和点突变的界限并不明确，特别是微细的畸变更是如此。野生型基因通过突变成为突变型基因。突变型一词既指突变基因，也指具有这一突变基因的个体。

基因突变通常发生在 DNA 复制时期，即细胞分裂间期，包括有丝分裂间期和减数分裂间期，同时基因突变与脱氧核糖核酸的复制、DNA 损伤修复、癌变及衰老都有关系。基因突变是生物进化的重要因素之一。研究基因突变除了本身的理论意义以外还有广泛的生物学意义。基因突变为遗传学研究提供突变型，为育种工作提供素材，所以它还有科学研究和生产上的实际意义。

不论是真核生物还是原核生物的突变，也不论是什么类型的突变，都具有随机性、低频性和可逆性等共同的特性。

（1）随机性。指基因突变的发生在时间上、在发生这一突变的个体上、在发生突变的基因上，都是随机的。在高等植物中所发现的无数突变都说明基因突变的随机性。在细菌中情况则更为复杂。

（2）低频性。突变是极为稀有的，基因以极低的突变率发生突变。

（3）可逆性。突变基因又可以通过突变而成为野生型基因，这一过程称为回复突变。正向突变率总是高于回复突变率，一个突变基因内部只有一个位置上的结构改变，才能使它恢复原状。

（4）少利多害性。一般基因突变会产生不利的影响，被淘汰或是死亡，但有极少数会使物种增强适应性。

（5）不定向性。例如控制黑毛的 a 基因可能突变为控制白毛的 a + 或控制绿毛的 a -。

基因突变可以是自发的，也可以是诱发的。自发产生的基因突变型和诱发产生的基因突变型之间没有本质上的不同，基因突变诱变剂的作用也只是提高了基因的突变率。按照表型效应，突变型可以区分为形态突变型、生化突变型以及致死突变型等。这样的区分并不涉及突变的本质，而且也不严格。因为形态的突变和致死的突变必然有它们的生物化学基础，所以严格地讲一切突变型都是生物化学突变型。按照基因结构改变的类型，突变可分为碱基置换、移码、缺失和插入 4 种。按照遗传信息的改变方式，突变又可分为错义、无义两类。

紫外线、完全失重、特定化学物质（如秋水仙素）都可诱变基因突变。这 3 种方法都已得到了应用。

对于人类来讲，基因突变可以是有用的，也可以是有害的。

（1）诱变育种。通过诱发使生物产生大量而多样的基因突变，从而可以根据需要选育出优良品种，这是基因突变有用的方面。在化学诱变剂发现以前，植物育种工作主要采用辐射作为诱变剂。化学诱变剂发现以后，诱变手段便大大地增加了。在微生物的诱变育种工作中，由于容易在短时间中处理大量的个体，所以一般只是要求诱变剂作用强，也就是说要求它能产生大量的突变。对于难以在短时间内处理大量个体的高等植物来讲，则要求诱变剂的作用较强，效率较高并较为专一。所谓效率较高便是产生更多的基因突变和较少的染色体畸变。所谓专一便是产生特定类型的突变型。以色列培育"彩色青椒"的关键技术就是把青椒种子送上太空，使其在完全失重状态下发生基因突变来育种。

（2）害虫防治。用诱变剂处理雄性害虫使之发生致死的或条件致死的突变，然后释放这些雄性害虫，便能使它们和野生的雄性昆虫相竞争而产生致死的或不育的子代。

（3）诱变物质的检测。多数突变对于生物本身来讲是有害的，人类的癌症的发生也和基因突变有密切的关系，因此环境中的诱变物质的检测已成为公共卫生的一项重要任务。从基因突变的性质来看，检测方法分为显性突变法、隐性突变法和回复突变法 3 类。

除了用来检测基因突变的许多方法以外，还有许多用来检测染色体畸变和姐妹染色单体互换的测试系统。当然对于药物的致癌活性的最可靠的测定是哺乳动物体内致癌情况的检测。但是利用微生物中诱发回复突变这一指标作为致癌物质的初步筛选，仍具有重要的实际意义。

人类基因组计划

　　人类基因组计划是由美国科学家于 1985 年率先提出，于 1990 年正式启动的。美国、英国、法兰西共和国、德意志联邦共和国、日本和中国科学家共同参与了这一价值达 30 亿美元的人类基因组计划。按照这个计划的设想，在 2005 年，要把人体内约 10 万个基因的密码全部解开，同时绘制出人类基因的谱图。换句话说，就是要揭开组成人体 10 万个基因的 30 亿个碱基对的秘密。人类基因组计划与曼哈顿原子弹计划和阿波罗计划并称为三大科学计划。

　　什么是基因组？基因组就是一个物种中所有基因的整体组成。人类基因组有两层意义：遗传信息和遗传物质。要揭开生命的奥秘，就需要从整体水平研究基因的存在、基因的结构与功能、基因之间的相互关系。

　　为什么选择人类的基因组进行研究？因为人类是在"进化"历程上最高级的生物，对它的研究有助于认识自身、掌握生老病死规律、疾病的诊断和治疗、了解生命的起源。测出人类基因组 DNA 的 30 亿个碱基对的序列，发现所有人类基因，找出它们在染色体上的位置，破译人类全部遗传信息。

在人类基因组计划中，还包括对 5 种生物基因组的研究：大肠杆菌、酵母、线虫、果蝇和小鼠，称之为人类的 5 种"模式生物"。

复杂的 DNA 的复制过程

DNA 复制的最主要特点是半保留复制、半不连续复制。在复制过程中，原来双螺旋的两条链并没有被破坏，它们分成单独的链，每一条旧链作为模板再合成一条新链，这样在新合成的两个双螺旋分子中，一条链是旧的而另外一条链是新的，因此这种复制方式被称为半保留复制。

DNA 双螺旋的两条链是反向平行的：一条是 $5'\rightarrow3'$ 方向；另一条是 $3'\rightarrow5'$ 方向。在复制起点处，两条链解开形成复制泡，DNA 向两侧复制形成两个复制叉。随着 DNA 双螺旋的不断解旋，两条链变成单链形式，可以作为模板合成新的互补链。但是，生物细胞内所有的 DNA 聚合酶都只能催化 $5'\rightarrow3'$ 延伸。因此，以 $3'\rightarrow5'$ 的链为模板链时，DNA 聚合酶可以沿 $5'\rightarrow3'$ 的方向合成互补的新链，这条链称为前导链。当以另一条链为模板时则不能连续合成新链，被称为滞后链。这时，DNA 聚合酶从复制叉的位置开始向远离复制叉的方向合成大约 1~2kb 的新链片段，待复制叉向前移动相应的距离后，又重复这一过程，合成另一个类似大小的新链片段，这些片段被称为冈崎片段。最后，由一种 DNA 聚合酶和 DNA 连接酶负责把这些冈崎片段之间的 RNA 引物除去，并把缺口补平，使冈崎片段连成完整的 DNA 链。这种前导链的连续复制和滞后链的不连续复制在生物细胞中是普遍存在的，称为 DNA 合成的半不连续复制。

参与 DNA 复制的物质

DNA 的复制是一个复杂的过程，需要 DNA 模板、合成原料——三磷酸核苷酸、酶和蛋白质等多种物质的参与。

解旋酶：DNA 复制涉及的第一个问题就是 DNA 两条链要在复制叉位置

解开。DNA双螺旋并不会自动解旋，细胞中有一类特殊的蛋白质可以促使DNA在复制叉处打开，这就是解旋酶。解旋酶可以和单链DNA以及ATP结合，利用ATP分解生成ADP时产生的能量沿DNA链向前运动促使DNA双链打开。

单链DNA结合蛋白：解旋酶沿复制叉方向向前推进产生了一段单链区，但是这种单链DNA极不稳定，很快就会重新配对形成双链DNA或被核酸酶降解。在细胞内有大量单链DNA结合蛋白（SSB），能很快地和单链DNA结合，防止其重新配对或降解。SSB结合到单链DNA上之后，使DNA呈伸展状态，有利于复制的进行。当新DNA链合成到某一位置时，该处的SSB便会脱落，可以重复利用。

DNA拓扑异构酶：DNA在细胞内往往以超螺旋状态存在，DNA拓扑异构酶催化同一DNA分子不同超螺旋状态之间的转变。DNA拓扑异构酶有两类。DNA拓扑异构酶 I 的作用是暂时切断一条DNA链，形成酶—DNA共价中间物，使超螺旋DNA松弛，再将切断的单链DNA连接起来，不需要任何辅助因子，如大肠杆菌的ε蛋白；DNA拓扑异构酶 II 能将负超螺旋引入DNA分子，该酶能暂时性地切断和重新连接双链DNA，同时需要ATP水解提供能量，如大肠杆菌中的DNA旋转酶。

引物酶：引物酶在复制起点处合成RNA引物，引发DNA的复制。它与RNA聚合酶的区别在于可以催化核糖核苷酸和脱氧核糖核苷酸的聚合，而RNA聚合酶只能催化核糖核苷酸的聚合，其功能是启动DNA转录合成RNA，将遗传信息由DNA传递到RNA。

DNA聚合酶：DNA聚合酶最早是在大肠杆菌中发现的，以后陆续在其他原核生物中找到。它们的共同性质是：以dNTP为前体催化DNA合成；需要模板和引物的存在；不能起始合成新的DNA链；催化dNTP加到生长中的DNA链的 $3'-OH$ 末端；催化DNA合成的方向是 $5' \rightarrow 3'$。

DNA连接酶：DNA连接酶是1967年在3个实验室同时发现的。它是一种封闭DNA链上的缺口的酶，借助ATP或NAD水解提供的能量催化DNA链的 $5'$ 磷酸基团的末端与另一DNA链的 $3'-OH$ 生成磷酸二酯键。只有两条紧邻的DNA链才能被DNA连接酶催化连接。

所有 DNA 的复制都是从固定起始点开始的，而目前已知的 DNA 聚合酶都只能延长已存在的 DNA 链，而不能从头合成 DNA 链，那么一个新 DNA 的复制是怎样开始的呢？研究发现，DNA 复制时，往往先由 RNA 聚合酶在 DNA 模板上合成一段 RNA 引物，再由 DNA 聚合酶从 RNA 引物 3′端开始合成新的 DNA 链。对于前导链来说，这一引发过程比较简单，只要有一段 RNA 引物，DNA 聚合酶就能以此为起点一直合成下去。但对于滞后链来说，引发过程就十分复杂，需要多种蛋白质和酶的协同作用，还牵涉到冈崎片段的形成和连接。

滞后链的引发过程通常由引发体来完成。引发体由 6 种蛋白质共同组成，只有当引发前体与引物酶组装成引发体后才能发挥其功效。引发体可以在滞后链分叉的方向上移动，并在模板上断断续续地引发生成滞后链的引物 RNA。由于引发体在滞后链模板上的移动方向与其合成引物的方向相反，所以在滞后链上所合成的 RNA 引物非常短，长度一般只有 3~5 个核苷酸。

在同一种生物体细胞中这些引物都具有相似的序列，表明引物酶要在 DNA 滞后链模板上比较特定的位置上才能合成 RNA 引物。DNA 复制开始处的几个核苷酸最容易出现差错，用 RNA 引物即使出现差错最后也要被 DNA 聚合酶 I 切除，以提高 DNA 复制的准确性。

RNA 引物形成后，由 DNA 聚合酶 III 催化将第一个脱氧核苷酸按碱基互补配对原则加在 RNA 引物 3′–OH 端而进入 DNA 链的延伸阶段。

DNA 链的延伸

DNA 新链的延伸由 DNA 聚合酶 III 所催化。为了复制的不断进行，DNA 解旋酶须沿着模板前进，边移动边解开双链。由于 DNA 的解链，在 DNA 双链区势必产生正超螺旋，在环状 DNA 中更为明显，当达到一定程度后就可能造成复制叉难以再继续前进，但在细胞内 DNA 的复制不会因出现拓扑学问题而停止，因为拓扑异构酶会解决这一问题。

随着引发体合成 RNA 引物，DNA 聚合酶 III 全酶开始不断将引物延伸，合成 DNA。DNA 聚合酶 III 全酶是一个多亚基复合二聚体，一个单体用于前导链的合成，另一个用于滞后链的合成，因此它可以在同一时间分别复制 DNA

前导链和滞后链。虽然 DNA 前导链和滞后链复制的方向不同，但如果滞后链模板环绕 DNA 聚合酶Ⅲ全酶，并通过 DNA 聚合酶Ⅲ，然后再折向未解链的双链 DNA 的方向上，则滞后链的合成可以和前导链合成在同一方向上进行。

当 DNA 聚合酶Ⅲ沿着滞后链模板移动时，由特异的引物酶催化合成的 RNA 引物即可以由 DNA 聚合酶Ⅲ所延伸，合成 DNA。当合成的 DNA 链到达前一次合成的冈崎片段的位置时，滞后链模板及刚合成的冈崎片段从 DNA 聚合酶Ⅲ上释放出来。由于复制叉继续向前运动，便产生了又一段单链的滞后链模板，它重新环绕 DNA 聚合酶Ⅲ全酶，通过 DNA 聚合酶Ⅲ开始合成新的滞后链冈崎片段。通过这种机制，前导链的合成不会超过滞后链太多，这样引发体在 DNA 链上和 DNA 聚合酶Ⅲ以同一速度移动。在复制叉附近，形成了以 DNA 聚合酶Ⅲ全酶二聚体、引发体和解旋酶构成的类似核糖体大小的以物理方式结合成的复合体，称为 DNA 复制体。复制体在 DNA 前导链模板和滞后链模板上移动时便合成了连续的 DNA 前导链以及由许多冈崎片段组成的滞后链。当冈崎片段形成后，DNA 聚合酶Ⅰ通过其 $5'\rightarrow3'$ 外切酶活性切除冈崎片段上的 RNA 引物，并利用后一个冈崎片段作为引物由 $5'\rightarrow3'$ 合成 DNA 填补缺口。最后由 DNA 连接酶将冈崎片段连接起来，形成完整的 DNA 滞后链。

知识点

原核生物

原核生物是没有成形的细胞核或线粒体的一类单细胞生物，包括蓝细菌、细菌、古细菌、放线菌、立克次体、螺旋体、支原体和衣原体等。细胞中无膜围的核和其他细胞器，染色体分散在细胞质中。原核生物极小，用肉眼看不到，须在显微镜下观察。多数原核生物为水生，能在水下进行有氧呼吸。

延伸阅读

DNA 复制的终止

过去认为，DNA 一旦复制开始，就会将该 DNA 分子全部复制完毕，才终止其 DNA 复制。但实验表明，在 DNA 上也存在着复制终止位点，DNA 复制将在复制终止位点处终止，并不一定等全部 DNA 合成完毕。但在 NDA 复制终止阶段有一个令人困惑的问题，那就是线性 DNA 分子两端是如何完成其复制的？已知 DNA 复制都要有 RNA 引物参与。当 RNA 引物被切除后，中间所遗留的间隙由 DNA 聚合 I 所填充。但是，在线性分子的两端以 5→3 为模板的滞后链的合成，其末端的 RNA 引物被切除后是无法被 DNA 聚合酶所填充的。在研究 T7DNA 复制时，这个问题部分地得到了解决。T7DNA 两端的 DNA 序列区有 160bp 长的序列完全相同。而且，在 T7DNA 复制时，产生的子代 DNA 分子不是一个单位 T7DNA 长度，而是许多单位长度的 T7DNA 首尾连接在一起。T7DNA 两个子代 DNA 分子都会有一个 3 端单链尾巴，两个子代 DNA 的 3 端尾巴以互补结合形成两个单位 T7DNA 的线性连接。然后由 DNA 聚合酶 I 填充和 DNA 连接酶连接后，继续复制便形成 4 个单位长度的 T7DNA 分子。这样复制下去，便可形成多个单位长度的 T7DNA 分子。T7DNA 分子可以被特异的内切酶切开，用 DNA 聚合酶填充与亲代 DNA 完全一样的双链 T7DNA 分子。

探秘生命体的双螺旋结构

浩繁纷杂的生物尽管千差万别，但不论哪个种类，从最小的病毒到大型的哺乳动物，都毫无例外地能把自己的性状一代代地传承下去；而无论亲代与子代，还是在子代每个个体之间，又总会有些差别，即便是双胞胎也不例外。人们曾用"种瓜得瓜，种豆得豆"和"一母生九子，九子各不同"的谚语，生动形象地概括了存在于一切生物中的这一自然现象，并为揭开遗传、变异之谜进行了不懈的努力。

17 世纪末，就有人提出了"预成论"的观点，认为生物之所以能把自己的性状特征传给后代，主要是因为在性细胞（精子或卵细胞）中，预先包含着一个微小的新的个体雏形。精原论者认为，这种"微生体"存在于精子当中；而卵原论者则认为，这种"微生体"存在于卵子之中。然而，这种观点很快就被事实所推翻。因为无论在精子还是卵子中，人们根本见不到这种"雏形"。取而代之的理论是德国胚胎学家沃尔夫提出的"渐成论"。他认为，生物体的任何组织和器官都是在个体发育过程中逐渐形成的。但遗传变异的操纵者究竟是何物？仍然是一个谜。

直到 1865 年，奥地利遗传学家孟德尔在阐述他所发现的分离法则和自由组合法则时，才第一次提出了"遗传因子"（后被称作为基因）的概念，并认为，这种"遗传因子"存在于细胞当中，是决定遗传性状的物质基础。

1909 年，丹麦植物学家约翰逊用"基因"一词代替了孟德尔的"遗传因子"。从此，基因便被看作是生物性状的决定者、生物遗传变异的结构和功能的基本单位。

1926 年，美国遗传学家摩尔根发表了著名的《基因论》。他和其他学者用大量实验证明，基因是组成染色体的遗传单位，它在染色体上占有一定的位置和空间，呈直线排列。这样，就使孟德尔提出的关于遗传因子的假说落到了具体的遗传物质——基因上，并为后来进一步研究基因结构和功能奠定了理论基础。

尽管如此，当时人们并不知道基因究竟是一种什么物质。直至 20 世纪 40 年代，当科学家搞清了核酸，特别是脱氧核糖核酸（DNA），是一切生物的遗传物质时，基因一词才有了确切的内容。

1951 年，科学家在实验室里得到了 DNA 结晶；

1952 年，得到 DNAX 射线衍射图谱，发现病毒 DNA 进入细菌细胞后，可以复制出病毒颗粒……

在此期间，有两件事情是对 DNA 双螺旋结构发现起到了直接的促进作用：一是美国加州大学森格尔教授发现了蛋白质分子的螺旋结构，给人以重要启示；一是 X 射线衍射技术在生物大分子结构研究中得到有效应用，提供了决定性的实验依据。

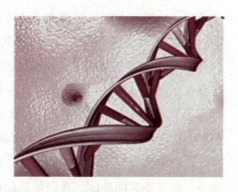

DNA 双螺旋结构

正是在这种科学背景和研究条件下，美国科学家沃森与英国科学家克里克合作，通过大量 X 射线衍射材料的分析研究，提出了 DNA 的双螺旋结构模型，并由此建立了遗传密码和模板学说。

此后，科学家们围绕 DNA 的结构和作用继续开展研究，也取得了一系列的重大进展，并于 1961 年成功破译了遗传密码，以无可辩驳的科学依据证实了 DNA 双螺旋结构的正确性，从而使沃林、克里克同威尔金斯一道于 1962 年获得诺贝尔生理学或医学奖。

尽管人类设计建筑马路时都喜欢笔直的线条，但大自然的选择并不赞同，而更倾向于螺旋状的卷曲结构。小到决定生命形态的 DNA 结构，乃至关乎我们后天性状美丑的蛋白质结构，以及我们赖以生存的食物的主要组分淀粉等，无一例外都是螺旋结构。

胶原蛋白的三螺旋结构

生物的大分子 DNA、蛋白质、淀粉、纤维素结构中，都存在着螺旋结构。而我们所熟知的遗传物质 DNA，也是双螺旋结构，它包含着人体的遗传信息。在受精卵中，父系与母系的各一条链相结合，就诞生了综合二者信息的新的生命。不过，DNA 最重要的结构是双螺旋结构，但也可能形成其他结构。当双螺旋体的一部分解开时，其中一条 DNA 链就可以折叠回去，形成了三螺旋或其他结构。

与 DNA 的双螺旋结构相比，蛋白质中的螺旋是由氨基酸经脱水组成的单链螺旋，蛋白质末端运动自由度较大，可以组成三圈螺旋，三圈螺旋还可以转变成折叠形状。从这种意义上来说，折叠是螺旋的一种特殊形式。

人体中的蛋白质就是螺旋与折叠结构复合而成的复

杂结构。比如，人体中重要的蛋白质——胶原蛋白，就是由 3 条肽链拧成"草绳状" 3 股螺旋结构，其中每条肽链自身也是螺旋结构。我们知道，人体内有16%左右都是蛋白质，而胶原蛋白占体内蛋白质总量的30%~40%，主要存在于皮肤肌肉、骨骼、牙齿、内脏与眼睛等处。

除了遗传物质与蛋白质外，我们的主要食物淀粉的结构和所穿衣物（棉）中的主要成分棉纤维，也大多都是螺旋结构。

不仅生物大分子是螺旋的构型，有时整个生物体的形状或生物体的组成部分，也可能是螺旋体。我们熟悉的螺旋藻就是这样的一种生物，它的得名就是因为其形体在显微镜下观察时呈螺旋状的缘故。

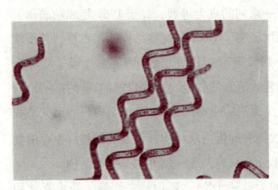

螺旋藻

螺旋藻是地球上最早出现的光合生物。研究表明，螺旋藻是所有已被发现的生物中营养成分最丰富、最全面、最均衡的海洋生物。它的细胞壁是由多糖类物质构成，极容易被人体所消化吸收，吸收率可达95%以上。此外，螺旋藻中还富含胡萝卜素、亚麻酸和亚油酸等活性物质，有清除血脂、疏通血管和保持血管弹性的作用，对防治心、脑血管疾病很有帮助。

寄居在人体胃内的幽门螺杆菌，也是因呈杆状、螺旋形而得名。胃液对许多细菌都具有强烈的杀伤力，但是对幽门螺杆菌却奈何不得。因为幽门螺杆菌是埋藏在胃壁表面的黏膜下方，可以分泌一种物质能中和周围环境中的强酸，而且，幽门螺杆菌很爱"挑衅"我们的免疫系统，常常会激怒免疫系统发动初步的无情攻击，导致发炎反应。因此，感染幽门螺杆菌的人常会出现没有症状的胃炎（即胃黏膜发炎）。人在进入中年之后，会很容易得这些病，这都是幽门螺杆菌的祸害所致。

由上面的叙说我们得知，大自然中几乎到处都存在着螺旋。而螺旋结构更是自然界最普遍的一种形状，许多在生物细胞中发现的微型结构都采用了这种构造。那么，为什么大自然会如此偏爱这种结构呢？科学家对此给出了合理的解释。

美国宾州大学的兰德尔·卡缅教授指出，从本质上来说，在拥挤的细胞（如一个细胞里的 DNA）中，非常长的分子聚成螺旋结构是一个比较合理的方式。而在细胞稠密而拥挤的环境中，长分子链经常采用规则的螺旋状构造。之所以有这样的构造，主要有两点好处：一是可以让信息紧密地结合其中；二是能够形成一个表面，允许其他微粒在一定的间隔处与它相结合。比如，DNA 的双螺旋结构允许进行 DNA 转录和修复。

卡缅教授通过一个模型解释了这个问题：将一个可以随意变形、但不会断裂的管子浸入由硬的球体组成的混合物中，管子就如同一个存在于十分拥挤的细胞空间中的一个分子。观察发现，对于短小易变形的管子来说，U 形结构的形成所需的能量最小，空间也最少；而它的 U 形结构，在几何学上与螺旋结构最为相近。卡缅对此指出，分子中的螺旋结构是自然界能最佳地使用手中材料的一个例子。DNA 由于受到细胞内的空间局限而采用双螺旋结构，就像是由于公寓空间局限而采用螺旋梯的设计一样。

知识点

纤维素

纤维素是由葡萄糖组成的大分子多糖。不溶于水及一般有机溶剂，是植物细胞壁的主要成分。纤维素是自然界中分布最广、含量最多的一种多糖，占植物界碳含量的 50% 以上。棉花的纤维素含量接近 100%，为天然的最纯纤维素来源。一般木材中，纤维素占 40%~50%，还有 10%~30% 的半纤维素和 20%~30% 的木质素。人类膳食中的纤维素主要含于蔬菜和粗加工的谷类中，虽然不能被消化吸收，但有促进肠道蠕动，利于粪便排出等功能。

延伸阅读

基因变异

基因变异是指基因组 DNA 分子发生的突然的可遗传的变异。从分子水平上看，基因变异是指基因在结构上发生碱基对组成或排列顺序的改变。基因虽然十分稳定，可以在细胞分裂时精确地复制自己，但是这种隐定性也是相对的。在一定条件下，基因也可以从原来的存在形式突然改变成另外一种新的存在形式。也就是在一个位点上，突然再出现一个新的基因，代替原有的基因。而新产生的这个基因，就叫做变异基因。于是后代的表现中，也就会突然地出现祖先从未有的新性状。英国女王维多利亚家族在她以前没有发现过血友病的病人，然而她的一个儿子却患了血友病，成为她家族中第一个患血友病的成员。后来，她的家族中又有她的外孙中出现了几个血友病病人。很显然，在她的父亲或母亲中肯定产生了一个血友病基因的突变，然后这个突变基因传给了她。而她是杂合子，所以表现出来后仍是正常的，但却通过她传给了她的儿子。

基因变异的后果除了会形成致病基因引起遗传病外，还可以造成死胎、自然流产和出生后夭折等，这种方式称为致死性突变。当然，这也可能对人体没有太大影响，仅仅造成正常人体间的遗传学差异而已，甚至可能还会给个体的生存带来一定的好处。

▌▌▌破译幽门螺杆菌的基因结构

科学家们利用计算机辅助生物学技术，做了一次精彩的表演，他们破译了一种名叫幽门螺杆菌的全部基因结构。这种细菌容易导致胃溃疡或其他胃病。有趣的是，科学家们还意外发现它有许多狡猾的自我保护策略。

幽门螺杆菌这种细菌是致使人类生病的罪魁祸首之一，而如今科学家们利用计算机这种新手段大大推动了对它的破译进程。世界上通常有一半人身上都生长着这种微生物，只是它们并不导致人们生病。据研究发现，美国有近 30% 的成年人和逾半数的超过 65 岁的老人体内存在幽门螺杆菌；在低收入的社会群体中则更为普遍。

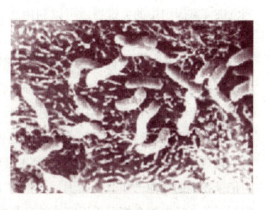

幽门螺杆菌

美国遗传学家弗朗西斯·图伯和由美国遗传学家丁·克莱格·文特尔领导的位于马里兰州罗克维尔市的基因组研究所都为解开幽门螺杆菌基因组之谜作出了重大贡献。已破译的遗传基因组编码为研究者们提供了宝贵的参考资料。科学家们现在完全知道该细菌的组织器官都能做些什么和怎么做了，简直就像通晓敌人作战部署的大将军一样。这将大大有助于了解幽门螺杆菌的各种变异形式，了解由此导致的疾病，并研制出相应的治疗药品及疫苗。范德比尔特大学传染系主任马丁·布拉瑟博士对此评价说："我认为这项成果意义非凡，它将在许多领域促进研究的进步。"

早在 1983 年以前，就有人提出幽门螺杆菌是胃溃疡病的诱因，时至今日，人们已认识到，它的确是导致 90% 此类疾病的诱因。可是 1983 年以后的 10 年间，常规的治疗思想始终认为，由紧张引发的胃酸过多是形成胃溃疡的病因，于是人们自然地采取了中和胃酸的方式来治疗此病，并生产出了相应的药物。

传统的观念是被名叫巴利·马歇尔和罗伯特·华伦的两位澳大利亚医生推翻的。他们采取了基于一种抗生素的治疗方法。然而美中不足的是，抗生素售价很高，特别是在胃溃疡频繁发生的发展中国家，人们不得不以更多样、更有效的治疗方法去满足不断增长的需要。

破译细菌的基因组编码尚是一种新的技术成果，还不能马上成为常规的技术方法。幽门螺杆菌基因组是第 15 个将被公布的细菌基因组，此外还有 10 余个与此类似的病原菌处于不同的破译状态和进程中。生物学家们期望，当已破译基因组中的关键物质可以利用之后，关于细菌自我防护和进化的细节就会更多地显露出来。

研究成果表明，他们研究的幽门螺杆菌共有 1 667 867 个 DNA 单位，这些显现指定遗传密码的化学物质外部排列着单环状染色体；沿着螺旋形 DNA 排列的就是 1 590 个遗传基因的编码序列。由图伯博士带领的研究小组通过搜索电脑数据库已经发现了许多这样的遗传基因的功能。这种电脑数据库记录了其他有机体中已知功能基因的 DNA 排序。通过比较幽门螺杆菌遗传基因与记录在案的其他已知遗传基因，图伯博士猜测到了前者的许多功能，也了解到了前者操纵整个细菌予以实施的自我防护策略。

这种基于电脑的研究方式，包括了从遗传基因到组织功能方面的内容，与微生物学家传统的研究策略截然相反，它已经深入到研究微生物的特性及其遗传基因。由于运用了已知一切手段，这种计算机辅助方式大大促进了研究进程。

幽门螺杆菌是一种非常奇特的微生物，在胃这样的酸性恶劣环境中也能迅速繁殖。为避免被液体冲走，它需要钻入胃壁并粘在细胞上。此外，它还必须防御来自免疫系统的不断攻击。图伯博士的研究小组已经发现了发挥这些功能的基因。有一组基因负责制造在细菌细胞壁内的蛋白质并排斥出酸物质；另外一组基因吸入铁元素，铁元素在胃中极度缺乏但又是该细菌的重要组成部分。有些基因形成有力的尾巴推进自己，一个很大的基因群分泌类似胶质一样的蛋白质以便使细菌粘在胃的细胞壁上，此外一些基因还负责模拟特定的人类蛋白质。幽门螺杆菌拥有一套机灵的基因机制，叫做滑索错机制，其功能是使细菌持续变换它的防护衣的组织结构，以便始终领先于人类免疫系统对它的攻击。

幽门螺杆菌在不同人身上有不同的作为。道格拉斯·E·伯格博士是圣路易斯华盛顿大学研究幽门螺杆菌分子遗传的研究人员，他认为大多数人有这种细菌几年至数十年，大约有 20% 的人继续发展成胃病诸如溃疡等胃病。

"幽门螺杆菌有大量的变种，也许这能说明为什么有些人被染上而有些人没有，"伯格博士说，"已有一个完整的基因组排序证明了这一不同。"

幽门螺杆菌也许已经入侵人类数百万年之久，就是说从人类祖先开始。范德比尔特博士表示，现代生活习惯已干扰了人类长时间以来对该细菌的适应方式，因而导致胃病、溃疡甚至有可能导致胃癌。范德比尔特博士补充说："我想我们对幽门螺杆菌本身以及它们与人类的关系的理解仅仅是个开始。"他还强调说："幽门螺杆菌实际上处在病原体抑或是肠胃友好寄居者之间，是一个处于交界处并非常有趣的有机体，可以设想，"他说，"由于现代卫生学的发展，人们可能比以往更晚地遭到细菌入侵，但结果却会因缺乏抵抗力而更易形成疾病，也许基因组研究能帮助我们有效地检查它的存在或帮助我们提出更多的防范设想。"

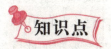
知识点

抗生素

抗生素是由微生物（包括细菌、真菌、放线菌属）或高等动植物在生活过程中所产生的具有抗病原体或其他活性的一类能干扰其他生活细胞发育功能的化学物质。抗生素种类有几千种，临床上常用的亦有几百种。其主要是从微生物的培养液中提取的或者用合成、半合成方法制造的。

延伸阅读

幽门螺杆菌的预防

幽门螺杆菌传染力很强，可通过手、不洁食物、不洁餐具、粪便等途径传染，所以，预防幽门螺杆菌，日常良好的饮食卫生习惯是必不可少的。幽门螺杆菌患者平时应注意饮食定时定量，营养丰富，食物软烂易消化，少量多餐，细嚼慢咽，忌过饱，忌生冷酸辣、油炸刺激的食物，忌烟熏、腌制食物。含亚硝胺的腌制食品等具有致癌作用，加上幽门螺杆菌阳性的作用，就会增加癌变的几率，因此要特别注意预防。

医学革命——绘制人类基因图谱

人类基因组计划就是"解读"人的基因组上的所有基因。由于我们人类的基因组是23对染色体，但因为X与Y染色体不同源，所以人类基因组计划的最终目的只须分析24条（22条常染色体和X、Y性染色体）DNA分子中4种碱基的排列顺序，并了解它们的功能。但是，人类基因组共含有 3×10^9 个碱基对，24条DNA分子连接起来约1米多长。这么长的DNA分子，就像要搞清"长城"上的每块"砖头"（碱基）一样，要把如此巨大的DNA分子的碱基序列全部准确无误地读出来，那将是一个非常困难的任务。

为了解决测定人类基因组全序列这一难题，科学家们采取了两步走的策略。第一步叫做"作图"；第二步就是"测序"。"作图"就是"基因定位"，即确定每个基因在染色体上的位置及其碱基序列。如果把基因组比作是哥伦布刚刚发现的美洲大陆，作图就是绘制新大陆的地图。我们都知道地图有很多种，有自然区划图、行政区划图等等，每种地图的用途不同，其比例标尺与精细程度也不同。绘制人类基因组图谱，也由于对染色体描写程度的不同，因而其显示的作用也有区别，对科学家们来说需要绘制4张基因图。因此，人类基因组计划分两个阶段进行，第一阶段叫DNA序列前计划，主要是绘制遗传图谱和物理图谱；第二阶段叫DNA序列计划，主要是"测序"，绘制序列图谱和转录图谱。序列图是搞清人类基因组图谱最基础的核心内容，这张图谱最重要，也是最"值钱"的一张图。

在电视剧里常常播放这样的故事：人们中间流传着一批宝藏埋藏在某个地方，有些人想得到它，那最需要的是什么呢？当然是藏宝图了，因为有了这张藏宝图，就可以知道宝藏放在什么地方，以及寻找宝藏的路线。因此，人们为了获取藏宝图而争斗不已。在基因组的研究中，遗传图谱就相当于基因组的"藏宝图"，这张"地图"标定得越细，对基因组中的角角落落就知道得越清楚，也就越容易找到所要的"宝藏"——基因。

遗传图谱也叫连锁图谱或遗传连锁图谱。它是以某个遗传位点具有的等位基因作为遗传标记，以此为"路标"，以遗传学上的距离（也叫遗传距离，其单位以厘摩表示）为"路标"之间的距离。遗传距离是以两个遗传位点之间进行交换，发生的基因重组的百分率来确定时，重组率为1%，即1个厘摩。根据遗传距离就可以绘制出基因在染色体上的遗传图谱。在同一条染色体上的两个基因，它们发生互换和重组的几率越大，说明它们之间的遗传距离越远；相反，遗传距离就越近。遗传距离不是一个具体的计量单位，而是人们设想的相对距离单位，以此作为遗传标记的距离。我们知道，在人类基因中，有些基因是稳定遗传的，目前已搞清它们在某条染色体上所在的位置，这样可以利用这个基因作为标记基因的位点。如 ABO 血型基因、Rh 血型基因和人类白细胞抗原（HLA）基因等都可作为标记基因位点。然后，利用这些基因检测与其他基因是否有连锁关系，如果有连锁关系，说明它们在一条染色体上，再根据重组率确定它们之间的遗传距离，这样便可以绘出染色体遗传图。

不难看出，建立人类遗传图的关键是要有足够多的遗传标记。但目前人们所知的这样的遗传标记信息量不足。而人类的基因组又很大，不能像做细菌的遗传图那样，仅仅根据有限的遗传标记就可以完成。这样，就限制了人类基因组的遗传分析工作。所幸的是随着 DNA 重组技术的发展，科学家们开展了以限制性片段长度多态性的分子标记工作，并已实现了遗传分析的自动化。1991 年，遗传标记开始了用自动化操作。到了 1994 年，美国麻省理工学院的科学家们一天已经可以对基因组进行 15 万个碱基对的分析，这就大大提高了绘制遗传图谱的速度。至 1996 年初，所建立的遗传图已含有 6 000 多个遗传标记，平均分辨率即两个遗传标记间的平均距离为 0.7 厘摩。过去人们一直认为，很难绘制成人类自身的遗传图，但今天人类终于有了自己的一张较为详尽的遗传图。想一想，有 6 000 多个遗传标记作为"路标"，把基因组分成 6 000 多个区域，只要以连锁分析的方法，找到某一表现型的基因与其中一种遗传标记邻近的证据，就可以把这一基因定位于这一标记所界定的

区域内。这样，如果想确定与某种已知疾病有关的基因，即可以根据决定疾病性状的位点与选定的遗传标记之间的遗传距离，来确定与疾病相关的基因在基因组中的位置。

物理图是基因组计划的第二张图。物理图是一种以"物理标记"作为"路标"，确定基因在 DNA 分子上的具体位置的基因图谱。它与遗传图不同的是把基因在染色体上的位置再标记到 DNA 分子上。物理图的制作目标与遗传图相似，只是它们所选择的"路标"和"图距"的单位有所不同。物理图的"路标"是 STS（序列标签位点）。每个 STS 约有 300 个碱基的长度，在整个基因图组中仅仅出现一次。"图距"的单位是 bp（1bp 即表示一个碱基对）、kb（1kb = 1 000bp）和 Mb（1Mb = 1 000 000bp）。物理图与遗传图相互参照就可以把遗传学的信息转化为物理学信息。如遗传图某一区的大小为多少厘摩可以具体折算物理图为某一区域大小为多少 Mb。绘制物理图的"路标"需要筛选大量的物理标记以及进行大量复杂和繁琐的分析。据估算，绘制物理图谱要进行 1 500 万个分析，一个研究人员即便每周连续工作 7 天也要工作几百年。幸运的是，现在有了一种大型仪器，可同时进行 15 万个分析，研究者仅用 1 年的时间就能筛选出足够的遗传标记。1995 年，第一张被称作 STS 为物理标记的物理图谱问世，它包括了 94% 的基因组的 15 000 多个标记位点，平均间距为 200kb（这就是所谓的分辨率）。这样，物理图就把人类庞大的基因组分成具有界标的 15 000 个小区域。

那么，物理图谱是怎么绘制的呢？

有两项技术为绘制精细的染色体物理图谱奠定了基础。第一项是利用流式细胞仪进行染色体的分离。处在细胞分裂时期的染色体是一种致密和稳定的形体结构，在温和条件下使细胞破裂，释放出完整的染色体。当染色体流过激光检测器时，按照其 DNA 含量的不同，可以把每条染色体分开收集起来。这样，就可以给每条染色体制作一个基因文库。第二项技术是体细胞杂交，即把人的细胞与小鼠的肿瘤细胞融合在一起。这种"杂种细胞"在培养的过程中，由于细胞分裂时人的染色体分裂慢，鼠的染色体分裂快，于是逐步把人染色体排斥掉，最后只剩下一条人染色体时细胞就比较稳定了。把这种带有某一条人的染色体的杂种细胞进行传代培养，就得到一系列细胞系，每个细胞多一条人的染色体。这样的细胞系对于把某个基因或 DNA 片段迅速定位到染色体上是非常重要的。例如，当杂种细胞保留了人类第 1 号染色体时，能够形成肽酶 C；如果丢了第 1 号染色体，则不能形成肽酶 C。所以，可以认为控制肽酶 C 合成的基因位于第 1 号染色体上。

人们采用上述方法分别得到每一条染色体以后，便可以提取出每条染色体的 DNA 分子，这样就为 DNA 分析奠定了基础。

由于染色体的 DNA 分子很长，所以先用限制性内切酶切割成一定长度的 DNA 片段，然后对每一 DNA 片段再进行分析。因此在进行 DNA 序列分析之前，先绘制一种分辨率比较低的物理图谱——"大尺度限制性图谱"。用识别位点出现频率很低的限制性内切酶对染色体 DNA 进行切割，得到大片段 DNA，用脉冲电泳进行分离，然后再把这些片段在染色体上的位置排出来，就会得到一系列由限制性内切酶位点分布和排列特征的染色体 DNA 的物理图谱。以上就是物理图谱的另一含义——"铺路轨"。这种图谱比较粗略，不能对特定基因进行精细定位。依据这种图谱可以把特定的 DNA 序列片段定位到 100kb 到 1Mb 的区域。

近年来，科学家们又发现了一种绘制精细物理图谱的方法。他们利用酵母人工染色体和细菌人工染色体，可以构建出每个克隆携带 1Mb 染色体 DNA 片段的文库。所谓"文库"即包括染色体上所有 DNA 片段的无性繁殖（即克隆）系，它含有整个染色体的遗传信息。这样，每个染色体只需要少量克隆就可以覆盖全部 DNA 分子。用一种短而独特的 DNA 序列片段（STS）作为分子标记，这种序列标记的位点可以用来把基因文库里的克隆按照其携带的染色体 DNA 片段在染色体上的实际位置进行排序。对这些大片段（1Mb）还可以进行亚克隆，最后得到一系列可以直接用于测序的小片段 DNA 克隆。

我们可以比较一下各种基因组图谱。遗传图是以各个遗传标记之间的重组频率为定位的尺度，因而是一种最粗略的图谱。物理图谱里，限制性内切酶图谱是以 1Mb 到 2Mb 为尺度的；由酵母人工染色体克隆排序组成的物理图谱分辨尺度是 40kb。物理图谱的分辨与精细程度随着技术发展不断提高，物理图谱的最终形式就是 DNA 碱基序列本身。

人类基因组物理图的问世是基因组计划中的一个重要里程碑，被遗传学家誉为 20 世纪的"生命周期表"。与化学家门捷列夫在 100 多年前所发现的"元素周期表"相比，"生命周期表"意义同样重大而深远。在遗传图上，我们只能确定某一基因的大致位置范围。而遗传图与物理图相结合时，我们便能迅速确定这一基因在 DNA 分子上的确切位点了。

序列图是在物理图基础上的进一步升华，是最全面、最详尽的物理图，也是人类基因组计划中定时、定量、定质的最艰巨的任务。

人类基因组 DNA 序列图的绘制工作，可以做这样的比喻：假如说人们只穿 4 种颜色的衣服：红、绿、蓝、黑，人类基因组计划就相当于把世界上 30 亿人所穿的衣服都搞清楚，而且注明位置顺序，如所在的国家、城市、街道、楼房、房间。人类基因组 DNA 序列图的绘制，是在上述 2 张图的基础上，采取了"分而胜之"的"从克隆到克隆"的策略。科学家们根据已在人类基因组中不同区域定好位置的标记（也就是遗传图的"遗传标记"和物理图的"物理标记"），来找到对应的人类基因组"DNA 大片段的克隆"。这些克隆是相互重叠的。再分别用仪器测定每一个克隆的 DNA 顺序，把它们按照相互重叠的"相邻片段群"搭连起来，这样便测出了 DNA 的全序列。

为了测定这些大批段 DNA 克隆的序列，要将这些 DNA 克隆按遗传图与物理图的标记，切成 1 000 个核苷酸左右的小片段，再"装"到一种细菌质粒的"载体"上，送进细菌中克隆，大规模地培养细菌，再从细菌中提取这些克隆的 DNA。这些克隆的 DNA 将作为测序的"模板"。这些 DNA 要求质量上很纯，数量上准确，还不能相互混杂。

在 DNA 模板制备好了以后，就要进入测序工作。第一步是"测序反应"。简单地说，是以要测的 DNA 为模板，重新合成一条新链，分别用不同颜色的荧光物质标记上。这样如果一段序列的一个位点上是 A，就将代表 A 的荧光物质标记在 A 的后面。这好比一个姓 T 的人手中拿着红灯笼；一个姓 A 的人拿着绿灯笼；一个姓 G 的人拿着黑灯笼；一个姓 C 的人拿着蓝灯笼。这样在黑夜里，从灯笼的颜色我们就可以知道是谁了。同样道理，由 4 种碱基形成的长度相差一个核苷酸的新 DNA 链，从结尾碱基显现出来的不同颜色的荧光，便可认定是：或 A、或 T、或 G、或 C。

测序反应做好后，第二步是上"自动测序仪"分析。自动测序仪能将长度仅相差一个碱基的 DNA 片段一一分开，由于不同片段"尾巴"的核苷酸已标有不同颜色的荧光染料，这样我们便可以很直观地读出 A、T、G、C 的排列顺序。

这些序列通过电脑加工，检查质量，再用一些特殊的电脑程序，将相互重叠的序列搭连起来。要确定每一位置上的核苷酸，至少要测定 5 ~ 10 次。如果中间有"空洞"，也就是有漏掉的测序核苷酸，还要将这些"空洞"用各种技术"补"起来，最后形成一个大片段克隆序列。这些序列片段再根据"相邻片段群"的重叠部分搭连起来，就组合成了一个染色体区域或一个染色体完整序列。如果将人类基因组的 24 条染色体的 DNA 序列全部测完，并绘制出序列图，这时人类基因组序列图谱才算大功告成了。

1999 年 12 月 1 日，由美、日、英等国家的 216 位科学家组成的人类基因组计划联合研究小组在东京宣布：已将人类第 22 号染色体的 3 340 万个碱基序列全部确定。这是人类基因组计划中完成的第一条染色体序列测定工作，其他的 23 条染色体的全序列测定将在 2003 年全部完成。由此，人类便打开了通向微观生命世界的大门，并为从根本上了解疾病的发病原因和人体生命活动的机理打下坚实的基础，这是有史以来人类在生物学领域迈出的最重要的一步。

转录图是基因组计划的第四张图。转录图就像生命的乐章，是一张极为重要的图谱。我们知道，只完成人类基因组 DNA 序列图谱是不够的，因为这些序列究竟起什么作用，怎么起作用，这是必须要解决的问题，否则序列图是没有意义的。只有搞清这些序列的功能，才能了解序列图的真谛。

整个人类基因组虽然有 30 亿个碱基对，但只有 2% ~ 3% 的 DNA 序列具有编码蛋白质的功能（约有 10 万个基因），而在某一组织中又仅有其中 10% 的基因（约 1 万个）是表达的，其他的基因都处于"休眠"状态，像冬眠的动物一样。我们知道，基因表达的第一阶段就是"转录"。如果能把这些表达的基因制成一个转录图，那我们就能清楚地知道不同组织的基因表达有什么差异；不同时期同一组织的基因表达又有什么不同；不同基因在不同组织中是表达还是沉默，表达水平是高还是低；身体在异常状态下（如病变、受刺激等）基因的表达情况与正常相比有什么不同……这些是科学家们最关心、最感兴趣的问题，也是人们对各种疾病进行深入研究的基础。

那么，怎样绘制转录图呢？

生物性状是由结构蛋白或功能蛋白决定的。结构蛋白如动物组织蛋白、谷类蛋白等是构成生物体的组成部分；功能蛋白像酶和激素等在生物体新陈代谢中起催化和调节的作用。这些蛋白质都是由信使 RNA 编码的，信使RNA 是由编码蛋白功能基因转录而来的。转录图就是测定这些可表达片段的标记图。如果说在人体某一特定的组织中仅有 10% 的基因被表达，也就是说，只有不足 1 万个不同类型的信使 RNA 分子（只有在胎儿的脑组织中，可能有 30% ~60% 的基因被表达）。如果将这些信使 RNA 提取出来，并通过一种反转录的过程建成 cDNA 文库，然后再测定这些 DNA 的序列，最终就能绘制成一张可表达基因图——转录图。

所谓反转录是指在反转录酶的作用下，由信使 RNA 反转录出 DNA，这种 DNA 便称为 cDNA。这种 cDNA 的碱基序列与转录信使 RNA 的 DNA 序列是一致的。分析 cDNA 序列就等于分析转录基因的 DNA 序列，由此把绘制可表达基因图称为转录图。

绘制转录图，就需要有大量可表达的 DNA 片段，所以首先要不断地丰富可表达 DNA 片段数据库。到 1996 年夏天，科学家们已收集到 40 万种可表达DNA 序列，但这个数目并不代表人类基因组中可表达基因的数目（6 万 ~10万个基因克隆），因为一个全长的拷贝 DNA 可能产生几个重叠的可表达 DNA片段。美国人类基因组科学公司称已得到了超过 85 万个可表达 DNA 片段的数据库，对应于可能的 6 万个不同的基因，这与人类基因组的全部基因数已相差不多了。现在，国际数据库中所贮存的可表达 DNA 片段的数量正以每天1 000 多个的速度增加着。

有了这些可表达 DNA 片段，下一步就是将这些可表达 DNA 片段在人的基因组中定位，即将这些可表达 DNA 片段与某些疾病的易感位点联系起来。目前，许多国家正在寻求合作，通过对这些可表达 DNA 片段进行染色体定位，绘制出一个真正的"转录图谱"。

现在，国际合作的人类基因组计划，已公布了至少 160 多万个拷贝 DNA 片段的部分序列，科学家们称之为"能表达的标签"。这 160 万个来自不同组织的拷贝 DNA 片段序列，经过分析与拼接，至少代表了万余个不同基因的部分 cDNA 序列。目前，科学家们尚需把这些转录的 DNA 搁到人类基因组的特定位置上，从而绘出真正的基因表达图。

常染色体、性染色体

常染色体又称体染色体。是指在生物体细胞中，与性别决定无关的染色体。常染色体是成对存在的。正常情况下，人类有 22 对常染色体。性染色体就是决定生物体性别的染色体，正常情况下，人类有 1 对染色体。

我国的人类基因组计划研究情况

我国是承担国际人类基因组计划的唯一的发展中国家。这标志着我国已掌握生命科学领域中最前沿的大片段基因组测序技术，在开发和利用宝贵的基因资源上已处于与世界发达国家同步的地位，在结构基因组学中占了一席之地。

我国人类基因组研究以研究疾病相关基因和重要生物功能基因的结构与功能研究为重点。我国开展人类基因组计划的起点较高，一开始就把结构与功能联系起来。经过几年的努力，我国在克隆神经性耳聋致病基因、多发性骨疣致病基因、肝癌相关基因、鼻咽癌相关基因和白血病诱导分化相关基因等方面取得了许多进展。

　　我国是多民族国家，在我国大地上长期生活着许多相对隔离的民族群体，这是我国在人类基因组研究中具有的独特优势。我国已建立了西南、东北地区12个少数民族和南、北2个汉族人群永生细胞株，开展了多民族基因组多态性的比较研究。

　　2000年4月我国科学家率先完成了绝大部分测序任务，序列覆盖率达90%以上。2001年8月，我国率先绘制出人类基因组1%的完成图。

揭秘基因克隆的玄妙

　　随着生物化学、分子生物学和遗传学基础研究的进展，20世纪70年代初发展起来了基因克隆技术，基因克隆使生物学和医学等领域发生了巨大的变化，客观上促进了医学、生物学、农学、兽牧学等学科的发展。从某种程度上说，基因克隆改变了人们的一些看法，对一些传统理念起了巨大的冲击，一场颠覆传统理念的基因克隆时代似乎到来了。

无性繁殖技术——基因克隆

　　克隆，是英语"clone"一词的译音，是指生物体通过体细胞进行的无性繁殖，以及由无性繁殖形成的基因型完全相同的后代个体组成的种群。通常是利用生物技术由无性生殖产生与原个体有完全相同基因组织后代的过程。科学家把人工遗传操作动物繁殖的过程叫克隆，这门生物技术叫克隆技术，其本身的含义是无性繁殖，即由同一个祖先细胞分裂繁殖而形成的纯细胞系，该细胞系中每个细胞的基因彼此相同。

　　克隆也可以理解为复制、拷贝，就是从原型中产生出同样的复制品，它的外表及遗传基因与原型完全相同。时至今日，"克隆"的含义已不仅仅是"无性繁殖"，凡是来自同一个祖先，无性繁殖出的一群个体，也叫"克隆"。这种来自同一个祖先的无性繁殖的后代群体也叫"无性繁殖系"，简称无性

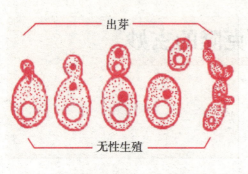

酵母菌的出芽生殖示意图

系。简单讲就是一种人工诱导的无性繁殖方式。但克隆与无性繁殖是不同的。无性繁殖是指不经过雌雄两性生殖细胞的结合、只由一个生物体产生后代的生殖方式，常见的有孢子生殖、出芽生殖和分裂生殖。由植物的根、茎、叶等经过压条或嫁接等方式产生新个体也叫无

性繁殖。绵羊、猴子和牛等动物没有人工操作是不能进行无性繁殖的。克隆羊多利也是克隆的产物。关于克隆的设想，我国明代的大作家吴承恩已有精彩的描述——孙悟空经常在紧要关头拔一把猴毛变出一大群猴子，这当然是神话，但用今天的科学名词来讲就是孙悟空能迅速地克隆自己。从理论上讲，猴子毛含全部脱氧核糖核酸序列，也就是可以克隆，但是事实上，我们的技术没有先进到这样的地步。

　　另外一种克隆方法是提取两个或多个人的基因细胞进行组合形成胚胎，出生后的克隆人将有提供基因的几个人的特征。

　　克隆的基本过程是这样的，先将含有遗传物质的供体细胞的核移植到去除了细胞核的卵细胞中，利用微电流刺激等使两者融合为一体，然后促使这一新细胞分裂繁殖发育成胚胎，当胚胎发育到一定程度后，再被植入动物子宫中使动物怀孕，便可产下与提供细胞者基因相同的动物。这一过程中如果对供体细胞进行基因改造，那么无性繁殖的动物后代基因就会发生相应的变化。

　　克隆技术不需要雌雄交配，不需要精子和卵子的结合，只需从动物身上提取一个单细胞，用人工的方法将其培养成胚胎，再将胚胎植入雌性动物体内，就可孕育出新的个体。这种以单细胞培养出来的克隆动物，具有与单细胞供体完全相同的特征，是单细胞供体的"复制品"。英国英格兰科学家和

美国俄勒冈科学家先后培养出了"克隆羊"和"克隆猴"。克隆技术的成功，被人们称为"历史性的事件，科学的创举"。有人甚至认为，克隆技术可以同当年原子弹的问世相提并论。

美国成功地克隆出一只猕猴

克隆技术可以用来生产"克隆人"，可以用来"复制"人，因而引起了全世界的广泛关注。对人类来说，克隆技术是悲是喜，是祸是福？唯物辩证法认为，世界上的任何事物都是矛盾的统一体，都是一分为二的。克隆技术也是这样。如果克隆技术被用于"复制"像希特勒之类的战争狂人，那会给人类社会带来什么呢？即使是用于"复制"普通的人，也会带来一系列的伦理道德问题。如果把克隆技术应用于畜牧业生产，将会使优良牲畜品种的培育与繁殖发生根本性的变革。若将克隆技术用于基因治疗的研究，就极有可能攻克那些危及人类生命健康的癌症、艾滋病等顽疾。克隆技术犹如原子能技术，是一把双刃剑，剑柄掌握在人类手中。人类应该采取联合行动，避免"克隆人"的出现，使克隆技术造福于人类社会。

知识点

种　群

　　种群是指在一定时间内占据一定空间的同种生物的所有个体。种群是进化的基本单位，同一种群的所有生物的基因库是唯一的，种群内生物共用这唯一的基因库。种群中的个体并不是机械地集合在一起，而是彼此可以交配，并通过繁殖将各自的基因传给后代。

《人的复制——一个人的无性繁殖》

对"克隆人"的恐惧，多次地出现在科幻小说家的笔下。在这些作品中，科学家或通过"克隆"技术造出一群强壮冷漠、没有感情和个性，只知道执行命令的标准人。

1978 年，一名美国作家写了一本书，名为《人的复制——一个人的无性繁殖》。书中描写了一个美国百万富翁花重金请人通过"克隆"技术，利用一名越南处女的去核卵细胞"克隆"出一个自己的故事。在该书的出版宣传中，作者称这是根据真实故事改写的。于是，立即引发了一场全国范围的恐慌，美国国会为此召开了一个特别听证会，请许多生物学家和社会学家讨论这一科学事件可能引发的社会及伦理后果。但该书作者却始终逃避参加听证，最后，迫于强大的社会及舆论压力，他才不得不承认，该书是一本纯属虚构的科幻小说，有关"取自事实"之说，完全是一种商业促销手段。自此，一场虚惊才算平息下来。

首例克隆羊"多利"

1997 年 2 月 23 日，英国爱丁堡卢斯林研究所的科学家们在伊尔·维尔穆特教授领导下所做的一项创新性工作，被刊登在世界权威科学杂志《自然》上：他们从一只成年绵羊的乳房里取出一个细胞的细胞核，再放到另一只绵羊去除了细胞核的卵细胞中，这个细胞经脉冲电刺激后开始分裂，并在后者绵羊的子宫里培育，最后分娩出一个同前者绵羊一模一样的子绵羊，他们还给这只小绵羊取名为"多利"。

无性繁殖现象在低等植物中存在。而"多利"是标准的哺乳动物，它的出现打破了生物界中的自然规律，引发了一场生命的革命。

维尔穆特研究小组操纵了"多利"的胚胎发育和诞生过程。他们利用药物促使母羊排卵，然后将未受精的卵取出放到一个极细的试管底部，再用另外一种更细的试管将羊卵膜刺破，从中吸出所有的染色体，这样就制成了具有活性但无遗传物质的卵空壳。接着，他们从"多利"的母亲———一只6岁的母羊的乳腺中取出一个普通组织细胞，使乳腺细胞与没有遗传物质的卵细胞融合，通过电流刺激作用使两者结合成一个含有新的遗传物质的

第一只克隆成功的哺乳动物"多利"

卵细胞。这一卵细胞在试管中开始分裂、繁殖、形成胚胎，当胚胎生长到一定程度时，研究人员再将其植入母羊子宫内，使母羊怀孕并于去年7月产下"多利"。

"多利"是世界上第一个"克隆"出来的哺乳动物，它的特点在于它与它的母亲，与那头6岁母羊具有完全相同的基因，可谓是它母亲的复制品。"多利"的诞生意味着人们可以利用动物的一个组织细胞，像翻录磁带或复印文件一样，大量生产出完全相同生命体。而哺乳动物界的自然规律是，动物的繁衍须由两性生殖细胞来完成，而且由父体和母体的遗传物质在后代体内各占一半，因此后代绝对不是父母的复制品。

白白胖胖、一身卷毛的"多利"虽然才7个多月大，却已有45千克重，它身体健康，活泼好动，跟一般的小羊没有什么区别。"多利"是维尔穆特用他喜欢的乡村歌手多利·帕顿的名字起的名。由于"多利"是用功能已彻底分化的成年动物细胞"克隆"成的，是世界上第一个动物复制品，因此它具有重大的价值。它既不会像普通羊那样被卖掉，更不会被人吃掉。但为了防止意外，它无法离开羊圈到大自然中吃草和玩耍，也无法像它的小伙伴们

那样过上正常的生活。

被关在羊圈内的"多利"全然不知自己的特殊身份，它像其他小羊一样吃草、睡觉和欢蹦乱跳，几个月前还在生育自己的母亲面前撒欢儿。"多利"的母亲，共3只母羊：一个是为它提供卵细胞空壳的，一个是为它提供乳腺组织胞的，第三个母亲则为提供了胚胎发育基地子宫。但从遗传的角度来说，为它提供组织细胞的那只6岁母羊才是"多利"的母亲。不过。"多利"只认生育它的那只母羊，尽管那只母羊的一张黑脸。跟它并不一样，"多利"还是把它当做自己的亲生母亲。

罗斯林研究所的科学家们在以前曾用"克隆"方法繁殖出一些两栖类动物，但从未在哺乳类动物身上成功过。在绵羊的繁殖试验中，他们遭受了300多次失败，最终培育出"多利"。尔后，他们的成功率逐渐提高，至今已用细胞基因繁育出了7只绵羊。

继1996年7月英国科学家克隆出"多利"后，美国俄勒冈灵长类研究中心唐·活尔夫领导的科研小组在同年8月份用胚胎细胞克隆出两只猴子。其具体做法是，先用人工受精卵分裂成含有8个细胞的胚胎时，研究人员将8个细胞逐个分离，将每个细胞中的遗传物质的卵细胞发育成胚胎后，再将其移植到母猴体内。利用这种方法，俄勒冈研究中心共培养成9个胚胎，移植后使3个母猴怀孕，其中两只母猴顺利产下小猴。美国科学家宣布这一结果后引起了强烈反响。尽管克隆猴是用胚胎细胞克隆而成，但由于猴跟人是十分接近的哺乳动物，所以这一结果无疑起到推波助澜的作用，使尚未平息的"克隆羊"风波又掀起了新的浪潮。"克隆羊"及"克隆猴"风波在全世界范围内引发了一场关于科学与伦理、科学与生命、科学与人类未来命运的大争论。各国政府要员、知名科学家、社会学家、伦理学家和普通老百姓，都纷纷加入到这场世纪之末的大论战之中。

知识点

胚　胎

　　胚胎是专指有性生殖而言，是指雄性生殖细胞和雌性生殖细胞结合成为合子之后，经过多次细胞分裂和细胞分化后形成的雏体。一般来说，卵子在受精后的 2 周内称孕卵或受精卵，受精后的第 3～8 周称为胚胎。

延伸阅读

我国的克隆成果

　　1990 年 5 月，我国哺乳动物的核移植首先在山羊上取得突破。西北农大畜牧所张涌教授等人用两年的时间用核移植的办法得到了一只克隆山羊。

　　这是世界首批克隆山羊。山羊的核移植之所以在世界上没人搞，因为存在着一些认识上的误区：山羊胚胎基因开始激活的时间比较早，核移植比较困难。经过大量的调查研究后我国科学家发现，这种说法在理论上是不成立的。

　　1992 年，江苏农科院培育成功了克隆兔子。当时主持这项研究、现已退休的范必勤教授说，他的这项工作进行得比较顺利，约半年时间就获得成就。

　　1994 年 7 月，两所大学的科研人员从黄牛的卵巢中取出未成熟的卵母细胞，在体外培养成熟后，吸出其细胞核。另一些培养成熟的卵细胞则用黑白花公牛的冷冻精液进行体外受精，得到体外精的杂种胚胎，将胚胎细胞打散为单个细胞后，再将一个细胞显微注入上述去核的卵母细胞卵周隙内，用电激法把两者融合，融合后的克隆胚胎经体外培养 9 天后，将它植入同期发情的奶牛子宫内，经孕育成熟足月，就产下这头完全体外化的奶牛、黄牛杂种

SHENGWUHUAXUE QIYUJI

克隆牛。这是国内首例应用完全体外化技术进行的牛核移植。

1995 年 7 月，华南师大与广西农大合作，通过核移植获得一头克隆牛。同年 10 月，在西北农业大学畜牧所，我国首窝克隆猪 6 只诞生。实验是首先把猪的胚胎用手术分成单个细胞，再到屠宰场取猪的卵巢，把卵母细胞取出来，进行体外培养成熟，再把卵母细胞染色质去掉，单个细胞用显微操作放进卵母细胞的卵周隙，进行电融合，细胞质和细胞核同时重新发育为一个胚胎，再用手术操作把胚胎移植到受体猪的输卵管里，妊娠产仔。专家们共移植了 15 头猪，有一头产了 6 个仔。

1996 年 12 月，6 只克隆鼠在湖南医科大学人类生殖工程研究室又一次诞生。

单克隆抗体和多克隆抗体

1975 年，瑞士科学家乔治·克勒和英国科学家凯撒·米尔斯坦，把产生抗体的 B 淋巴细胞与多发性骨髓瘤细胞进行融合，形成杂交瘤细胞。这种细胞兼有两个亲代细胞的特征，既有骨髓瘤细胞无限生长的能力，又有 B 淋巴细胞产生抗体的功能。因此，这种杂交瘤细胞就能在细胞培养中产生大量单一类型的高纯度抗体。这种抗体叫"单克隆抗体"。

把单克隆抗体与抗癌药物或毒素结合起来，就成为威力强大的抗体"导弹"。把这种抗体"导弹"注射到癌症患者的血液中，它就会发挥导弹一样的作用，在患者体内追踪并附着于癌细胞上，然后与抗体结合的抗癌药物或毒素杀伤和破坏癌细胞，而且很少损伤正常组织细胞。这种抗体"导弹"具有高度选择性，对癌细胞命中率高，杀伤力强的优点，没有一般化学药物那样不分好坏细胞，格杀勿论的缺点。美国约翰·霍普金斯医院应用抗体"导弹"治疗晚期肝癌病人，收到惊人效果。肝脏肿瘤显著缩小，生存期延长，而且没有副作用。单克隆抗体技术的发明，是免疫学中的一次革命，打破了过去只能在身体内产生抗体的方法，而成功地在体外用细胞培养的方法产生抗体，同时繁殖快，可以产生在体内达不到的高滴度和高专一性的水平。

抗原上那部分可以引起机体产生抗体的分子结构，叫做抗原决定簇。一个抗原上可以有好几个不同的抗原决定簇，因而使机体产生好几种不同的抗体，最终产生出抗体是浆细胞。只针对一个抗原决定簇起作用的浆细胞群就是一个纯系，纯系的英文为 Clone，音译就是克隆。由一种克隆产生的特异性抗体叫做单克隆抗体。单克隆抗体能目标明确地与单一的特异抗原决定簇结合，就像导弹精确地命中目标一样。另一方面，即使是同一个抗原决定簇，在机体内也可以由好几种克隆来产生抗体，形成好几种单克隆抗体混杂物，称为多克隆抗体。

抗原刺激机体，产生免疫学反应，由机体的浆细胞合成并分泌的与抗原有特异性结合能力的一组球蛋白，这就是免疫球蛋白，这种与抗原有特异性结合能力的免疫球蛋白就是抗体。

抗原通常是由多个抗原决定簇组成的，由一种抗原决定簇刺激机体，由一个 B 淋巴细胞接受该抗原所产生的抗体称之为单克隆抗体。由多种抗原决定簇刺激机体，相应地就产生各种各样的单克隆抗体，这些单克隆抗体混杂在一起就是多克隆抗体，机体内所产生的抗体就是多克隆抗体；除了抗原决定簇的多样性以外，同样一类抗原决定簇，也可刺激机体产生 IgG、IgM、IgA、IgE 和 IgD 等 5 类抗体。

知识点

淋巴细胞

淋巴细胞是在适应性免疫中起关键作用的白细胞，主要指 B 淋巴细胞和 T 淋巴细胞。T 淋巴细胞和 B 淋巴细胞都起源于造血干细胞。T 淋巴细胞随血循环到胸腺，在胸腺激素等的作用下成熟。B 淋巴细胞则到脾脏或腔上囊发育成熟，然后再随血循环到周围淋巴器官，在各自既定的区域定居、繁殖。受抗原激活即分化增殖，产生效应细胞，行使其免疫功能。

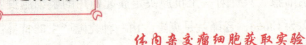

　　克隆化的细胞可以在体外进行大量培养，收集上清液而获得大量的单一的克隆化抗体。但是体外培养法得到的单克隆抗体有限，其不能超过特定的细胞浓度，且每天要换培养液。而体内杂交瘤细胞繁殖可以克服这些限制。杂交瘤细胞具有从亲代淋巴细胞得来的肿瘤细胞的遗传特性。如接种到组织相容性的同系小鼠或不能排斥杂交瘤的小鼠（无胸腺的裸鼠），杂交瘤细胞就开始无限地繁殖，直至宿主死亡。产生肿瘤细胞的小鼠腹水和血清中含有大量的杂交瘤细胞分泌的单克隆抗体，这种抗体的效价往往高于培养细胞上清液的 $100 \sim 1\,000$ 倍。利用免疫抑制剂，可以加速和促进肿瘤的生长。

▌▌无性克隆——单亲雌核生殖

　　单亲雌核生殖是指在没有精子的情况下使卵子发育成个体，雌核生殖俗称受精，意指精子虽能正常地钻入和激活卵细胞，但精子的细胞核并未参与卵细胞的发育，使精子产生这种变化的诱变剂，可以是某些自然因子，也可以是某些实验因子。从遗传学角度看，雌核生殖类似于单性生殖。从克隆的角度来看，雌核生殖是一种无性克隆技术。

　　自然界里，人们早已发现在一些无脊椎动物中存在雌核生殖。后来发现有些品种的鱼也具有天然雌核生殖繁衍后代的能力。在哺乳动物中，据记载，偶尔发生小鼠的天然雌核生殖，但只能达到 $1 \sim 2$ 细胞阶段。上述发现，已引起胚胎学家和遗传学家的极大兴趣，因此生物学家们已对诱导产生雌核心生殖的人工方法作了广泛的研究。

　　人工诱导雌核生殖，一方面必须首先使精子染色体失活，另一方面还得保持精子穿透和激活卵细胞启动发育的能力。早在1911年，赫特威第一个成功地人工消除了精子染色体的活性。他在两栖类研究中，利用辐射能对精子进行处理时发现：在适当的高辐射剂量下，能导致精子染色体完全失活，精子虽然能穿入卵细胞内，却只能起到激活卵细胞启动发育的作用，而不能和卵细胞结合，所以精子在这里只是起到了刺激卵细胞发育的作用，成为科学家手中的牺牲品。

我国卓越的胚胎生物学家朱洗利用针刺注血法，在癞蛤蟆离体产出的无膜卵细胞上，进行了人工单性发育的研究，并获得世界上第一批没有"外祖父的癞蛤蟆个体"，证明了人工单性生殖的子裔是能够传宗接代的。

凡雌核生殖的个体，都具有纯母系的单倍体染色体。因此，雌核生殖的生命力，依赖于卵细胞染色体的二倍体化。在一些天然的雌核生殖过程中，是由于卵母细胞的进一步成熟分裂通常受到限制，染色体数目减半受阻，而使雌核生殖个体成为二倍体。所以人为地阻止卵母细胞分裂，均有可能使雌核二倍体化发育。

自从20世纪70年代中期起，鱼类雌核生殖研究非常活跃。这是因为对鱼类精子的处理方法简便易行，又易于施行体外授精之优点，由此雌核生殖在鱼类上具有潜在的经济效益，并日益引起人们的兴趣。

在两栖类、鱼类和哺乳类动物中，生物学家们早已开展人工诱导雌核生殖技术的研究。总的说来，要达到实验性二倍体雌核生殖，必须解决两个最主要的问题，第一是人为地使精子细胞的遗传物质失活，第二是阻止雌性个体染色体数目的减少。

雌核生殖的鉴别：经人工或自然诱导的雌核生殖个体，经作一定的鉴定，以证明它确属雌核生殖的个体，换句话说，应证明精子在胚胎发育中确实没有在遗传方面作出贡献。鉴别雌核生殖的个体，通常以颜色、形态和生化等方面的指标为根据。通过细胞学的研究，无疑更能精确地判别雌核生殖。若是雌核生殖，其囊胚细胞中只出现一套来自雌核的染色体。否则，雌核和雄核染色体各占一半，得到的是杂交种。近年来，还运用了遗传标志的方法，来鉴别雌核生殖的二倍体化。

雌核生殖具有产生单性种群的能力。在同型雌性配子的品种中，雌

核产生的所有后代，都应该是雌性个体（XX）；而在异型雌性配子（X或Y）的品种中，雌核生殖的后代，可能是雌性个体，也可能是雄性个体。

在人工诱导雌核生殖过程中，由于使精子染色体失活的处理，往往会导致基因突变。在两栖类和鱼类的发育中，即出现胚胎早期的死亡现象。故有人称之为"外源精子致死效应"。显然这种引起个体死亡的基因突变，属隐性致死突变型。致死效应决定于隐性致死突变基因在两个同源染色体上的状态。如果呈现相同等位基因情况，个体发育胚胎早期就会死亡。因此，雄核发育有可能为遗传学研究提供某些致死突变种的生物品系，成为个体发育研究和遗传育种实践的好材料。

雌核生殖的研究，自20世纪初以来，虽有某些方面的突破。但从目前的研究状况来看，不能不说它的进展还是比较缓慢的。造成这一局面的原因之一，可能与人工雌核生殖后裔的成活率较低有关。从研究过的一些鱼中，发现雌核生殖子代，多数于幼体阶段死亡。如雌核生殖的鲫鱼，在胚胎发育的前两周内，出现大量外观上畸形的个体，因此总的存活率只有50%左右。根据目前得到的情报，除仓鼠外，其他哺乳动物尚无雌核生殖成功的实例，还需要进一步研究。

总之，雌核生殖的研究，尚存在许多薄弱环节，有待进一步解决。尽管如此，近年来国内外在这方面的研究仍取得不少成就。在人工诱导雌核生殖的鱼中，获得了能够正常受精的雌性个体，并成功地得到了人工雌核生殖的第二代和第三代。我国在鲤鱼等品种上，在工人诱导雌核生殖和建立纯系方面也已获得成功。所以说，人工雌核生殖的技术和方法正在不断发展和日臻完善，预计作为细胞工程学手段之一，将有可能对解决遗传改良和生殖控制等关键性问题作出贡献，而在按照人们意愿改造和创新生命的进程中，将具有毋庸置疑的前景。

知识点

遗传标志

遗传标志是指染色体上的一个位点，这个位点具有可辨认的表型，可作为鉴定该染色体上其他位点、连锁群或重组事件的标志。如遗传图绘制时，可以用已知遗传特征的基因或等位基因作分析其他基因的参照；遗传育种时，可参照已知的遗传标志来分离突变细胞或突变个体等。

延伸阅读

动物的天然单性生殖

单性生殖（单亲雌核生殖）有天然单性生殖和人工单性生殖两种。天然单性生殖虽然只是卵子孤军奋战，但它仍需要一些外来的刺激代替精子的作用，激发卵子进行发育。在正常受精过程中的这道程序叫做卵的激活，简单说就是唤醒沉睡的卵子。那么有哪些刺激能使卵激活呢？各种动物所采取的方式不完全相同，一般是物理刺激。如黄蜂是在卵子通过雌性生殖道时受到挤压的机械刺激而被激活的。甲虫则是卵子在生殖道中的细菌共生体侵入而被激活。还有 种蝾螈雌体苦于找不到"对象"而"饥不择食"和另一种的雄蝾螈进行交配，虽然这个外来的异种精子激活了卵子，也钻到卵子里面，但却不能逃脱厄运，它的核在卵细胞质内逐渐退化并终于消失，未能与卵核结合，自然没有给胚胎带来它的遗传物质。

SHENGWUHUAXUE QIYUJI

微生物克隆技术

在微生物界，克隆现象是相当普遍的，如单细胞生物和多细胞生物体中细胞的简单分裂等。微生物的克隆技术也不复杂。一般来说，微生物的生长需要大量的水分，需要较多地供给构成有机碳架的碳源，构成含氮物质的氮源，其次还需要一些含磷、镁、钾、钙、钠、硫等的盐类以及微量的铁、铜、锌、锰等元素。不同的微生物对营养物质的要求有很大的差异。有些微生物是"杂食性"的，可以用各种不同物质作为营养；有的微生物可以利用化学成分比较简单的物质，甚至可以在完全无机的环境中生长发育，从二氧化碳、氨及其他无机盐类合成它们的细胞物质。另外，有些微生物则需要一些现成的维生素、氨基酸、嘌呤碱及其他一些有机化合物才能生长。

有的微物的生长不需要氧，这种微生物称为厌氧微生物，它的培养应在密闭容器中进行。如生产沼气的甲烷菌的培养，是在有盖的沼气池或不通气的发酵罐中进行的。更多的工业微生物要在有氧的环境中生长，称为好氧微生物。培养这类微生物时要采取通气措施，以保证供给充分的氧气。

微生物细胞培养的方式又分为许多类型。所谓表面培养使用的是固体培养基，细胞位于固体培养基的表面，这种培养方式多用于菌种的分离、纯化、保藏和种子的制备。表面培养法多用在微生物学家的实验室中，这是因为虽然表面培养操作简便，设备简单，但也存在一些缺点，例如不易保持培养环境条件的均一性。

一般来说，表面培养的方法是：将含有许多微生物的悬浮液稀释到一定比例后，接种到琼脂培养基的固体斜面上，经保温培养，可以得到单独孤立的菌落。这种单独的菌落可能是由单一细胞形成，因而获得纯种细胞系。生长在斜面上的菌体，在4℃下可以保藏3~6个月。青霉素最初投入工业生产的时候，就是采用这种表面培养法。

微生物细胞培养如果实行工业化，靠表面培养提供足够的生长表面是很困难的。就以青霉素来说，如果采用表面培养方法生产1千克青霉素就需要

100万个容积为1升的培养瓶。这需要消耗大量的人力、能量和培育空间。所以在工业生产上，表面培养法很快被深层培养法所取代。

深层培养是一种适用于大规模生产的培养方式。采用深层培养法易于获得混合均一的菌体悬浮液，从而便于对系统进行监测控制。同时，深层培养法也容易放大到工业规模。深层培养法基本上克服了表面培养法的缺点，成为大量培养微生物的一个重要方法。在深层培养中，菌体在液体培养基中处于悬浮状态，空气中的氧气通过通气装置传入到细胞。

实验室里的小型分批深层培养，常采用摇瓶。将摇瓶瓶口封以多层纱布或用高分子滤膜以阻止空气中的杂菌或杂质进入瓶内，而空气可以透过瓶塞进入瓶内供菌体呼吸之用，摇瓶内盛培养基，经灭菌后接入菌种，然后，在摇床上保温振荡培养。摇瓶培养法是实验到获取菌体的常用方法，也用做大规模生产的种子培养。

工业上大规模培养微生物一般是在大型发酵罐中进行的。大型罐具有提高氧利用率、减少动力消耗、节约投资和人力，并易于管理的优点。目前通用的气升式发酵罐最大容积达3 000立方米。现在的培养罐一般采用计算机自动化控制，自动收集和分析数据，并实现最佳条件的控制。

在微生物细胞培养中，不能不提到同步培养法。在同步培养法中，通过控制环境条件，使细胞生长处于相同阶段，使得所有细胞同时进行分裂，即保持培养中的细胞处于同一生长阶段。同步培养法有利于了解单个微生物细胞和整个细胞群的生长或生理特性。

此外，通过对微生物生长和生理的深刻了解，可以使用一个培养罐来同时培养两个或两个以上的微生物细胞。在混合培养条件下，微生物之间存在各种关系。一种是互不相干，一种微生物细胞的生长不因另一种微生物细胞的存在而改变，如链球菌和乳酸杆菌的恒化培养。另一种是互生关系，两种菌相互提供对方生长所需的营养物质或消耗其生长抑制剂。例如，一种假单胞菌依赖甲烷作为其唯一碳源和能源，在有一种生丝微菌存在时，生长更好，前者生长时产生的甲醇对其生长和呼吸有抑制作用，而生丝微菌能消耗甲醇而消除抑制。还有，如细菌可以产生酶来分解抗生素，使其同伴能够生长。还有的细菌产生的化合物为其同伴的碳源或能源，而有利于同伴的生长。

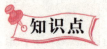

青霉素

青霉素又称为盘尼西林、青霉素钠、青霉素钾、苄青霉素钾等，是抗生素的一种，是指从青霉菌培养液中提制的分子中含有青霉烷，能破坏细菌的细胞壁并在细菌细胞的繁殖期起杀菌作用的一类抗生素。青霉素是第一种能够治疗人类疾病的抗生素。

病原微生物

微生物在自然界中分布极为广泛。土壤、空气、江河、海洋等都有数量不等、种类不一的微生物存在，其中以土壤中微生物最多。在人体、动植物的体表以及人体和动物体与外界相通的腔道如呼吸道、消化道等，均有多种微生物存在。正常情况下寄居于人体表面及与外界相通腔道如口腔、鼻咽腔、肠道以及泌尿生殖道中的微生物称之为"正常菌群"。

微生物绝大多数对人类和动植物是有益的、必需的，拿人体内的微生物来说，肠道中的大肠杆菌能合成维生素B、维生素K，供机体所利用并具有抗某些病原菌的作用，目前受到广泛应用的抗生素都是微生物的代谢产物，用于治疗各种急、慢性传染病。除了一部分对人类有益的微生物外，还有一部分能引起人类和动植物的病害，这些具有致病性的微生物就称为"病原微生物"。例如，能引起人类痢疾、伤寒、结核、病毒性肝炎等疾病的微生物。

病原微生物可分为3类：第一类是非细胞型微生物。病毒属于这类微生物。其体积微小没有典型的细胞结构，只能在宿主活细胞内生长繁殖。第二类是原核细胞型微生物。这类微生物仅有核质、无核膜或核仁，细胞器不完善，包括细菌、支原体、立克次体、衣原体、螺旋体和放线菌。第三类是真核细胞型微生物。这类微生物细胞核分化程度高，有核膜、核仁和染色体，细胞质内细胞器完整。真菌属于这类微生物。

植物克隆技术

植物的无性繁殖在农业上早已广泛采用，甚至有一些植物本身就能通过地下茎或地下根来繁殖新个体，"无心插柳柳成荫"便是一个例证。但人工的植物克隆过程却不这么简单。我们可通过植物组织培养进行无性繁殖。

所谓植物组织培养就是在无菌条件下利用人工培养基对植物体的某一部分（包括原生质体、细胞、组织和器官）进行培养。根据所培养的植物材料不同，组织培养可分为 5 种类型，即愈伤组织培养、悬浮细胞培养、器官培养、茎尖分生组织培养和原生质体培养。通过植物组织培养进行的无性繁殖在作物脱毒和快速繁殖上都有着广泛的应用。回顾其发展历程，是在无数科学家的不懈努力下，方使这项技术趋于完善，趋于成熟。

无论植物还是动物，都是由细胞构成的，细胞是生物体的基本结构单位和功能单位，如果具有有机体一样的条件时，每个细胞应该可以独立生活和发展。

在施莱登和施旺新发展起来的细胞学说的推动下，德国著名植物生理学家哈布兰特提出了高等植物的器官和组织可以不断分割，直到分为单个细胞的观点。他认为植物细胞具有全能性，就是说，任何具有完整细胞核的植物细胞，都拥有形成一个完整植株所必须的全部遗传信息。为了论证这一观点，他在无菌条件下培养高等植物的单个离体细胞，但没有一个细胞在培养中发生分裂。哈布兰特实验失败是必然的，因为当时对离体细胞培养条件的认识还非常有限。1904 年，德国植物胚胎学家汉宁用萝卜和辣根的胚进行培养，长成了小植株，首次获得胚培养成功。后来其他学者进行了一些探索性实验研究，直到 20 世纪 30 年代才出现突破性进展。

到了 20 世纪 30 年代中期，植物组织培养领域出现了两个重要发现，一是认识到 B 族维生素对植物生长具有重要意义，二是发现了生长素是一种天然的生长调节物质。导致这两个发现的主要是怀特和高斯雷特的实验。1934年，怀特由番茄根建立了第一个活跃生长的无性系，使根的离体培养首次获得真正的成功。起初，他在实验中使用包含无机盐、酵母浸出液和蔗糖的培养基，后来他用3种B族维生素（吡哆醇、硫胺素和烟酸）取代酵母浸出液获得成功。与此同时，高斯雷特在山毛柳和黑杨等形成层组织的培养中发现，虽然在含有葡萄糖和盐酸半胱氨酸的溶液中，这些组织也可以不断增殖几个月，但只在培养基中加入了B族维生素和生长素以后，山毛柳形成组织的生长才能显著增加。

在20世纪40年代和50年代，由于另外一类植物激素——细胞分裂素的发现，使得组织培养的技术更加完备。1948年，在烟草茎切段和髓培养研究中，发现腺嘌呤或腺苷可以解除生长素对芽的抑制作用，并使烟草茎切段诱导形成芽，从而发现了腺嘌呤与生长素的比例是控制芽和根分化的决定因素之一。当这一比例高时，有利于形成芽；比例低时，有利于形成根。这一惊人的发现，成为植物组织培养中控制器官形成的激素模式，为植物组织培养作出了杰出贡献。随后，在寻找促进植物细胞分裂的物质中，1956年发现了激动素，它和腺嘌呤有同样作用，可以促进芽的形成，而且效果更好。从那以后，都采用激动素或其类似物，如6-苄基腺嘌呤玉米素、Zip等代替腺嘌呤，从而把腺嘌呤/生长素公式改为根芽分化与激动素/生长素的比例有关。后来证明，激素可调控器官发生的概念对于多数物种都可适用，只是由于在不同组织中这些激素的内源水平不同，因而对于某一具体的形态发生过程来说，它们所要求的外源激素水平也会有所不同。1956年，在进行胡萝卜根愈伤组织的液体培养研究，发现其游离组织和小细胞团的悬浮液可长期继代培养，并于1958年以胡萝卜根的悬浮胞诱导分化成完整的小植株，从而证实了半个多世纪前哈布兰特提出的植物细胞全能性假说。这一成果大大加速了植物组织培养研究的发展。1965年从烟草的单个细胞发育成了一个完整的植株，进一步证实了植物细胞的全能性。由于控制细胞生长和分化的需要，对培养基、激素和培养方法都进行了大量研究，研究出了MS、White、B5等广泛用于不同植物组织培养的培养基，也创立了多种培养方法，如微室悬滴培养法、看护培养法等。这一阶段技术上的突破为植物组织培养应用于农业、工业、医药等打下了良好的基础。这一阶段是植物组织培养的最关键时期，使之达到成熟的阶段，从而使植物组织培养进入黄金时期。

据统计，在20世纪60年代初期，全世界还只有十几个国家的少数实验室从事组织培养研究，但到了20世纪70年代，植物组织培养领域仍然空白的国家已经屈指可数。由于有了前面的理论基础和技术条件，加之在20世纪60年代用组织培养快速繁殖兰花获得巨大成功之后，极大地推动了植物组织培养的全面发展，微繁技术得到广泛应用。继兰花工厂化繁殖成功之后，快速繁殖开始用于重要的、经济价值高的、名特优作物新品种，如甘蔗、香蕉、柑橘、咖啡、苎麻、玫瑰、郁金香、菊花、牡丹、康乃馨、桉树、泡桐等。继马铃薯脱毒苗的研究成功，又能生产草莓、葡萄、大蒜、苹果、枣树等大量无性繁殖植物的脱毒苗应用于生产。仅据20世纪80年代初的统计，植物组织培养进行的无性繁殖所涉及的植物就已达数千种。

植物组织培养有着广阔的应用前景，这已为近年来日益增多的实践所证实。随着研究的深入，组织培养将会显示更多的作用。

首先，在人工种子的研究与产生方面。由于植物组织培养过程中发现有体细胞胚胎产生（在形态上类似于合子胚），如果给这种体细胞胚包上一层人工胚乳就能得到人工种子。人工种子在适当条件下也能像普通种子一样萌发并生长。大量繁殖体细胞胚并制成人工种子为无性繁殖开辟了崭新的领域。建立并发展人工种子技术可以快速繁殖一个优良品种或杂种，以保持它们的优良种性和整齐度。一些名贵品种、难以保存的种质资源、遗传性不稳定或育性不佳的材料，均可采用人工种子技术进行繁殖。人工种子体积小，仅几毫米，而通常离体繁殖的体是十几或几十厘米。繁殖体小的人工种子，贮藏和运输均十分方便，而且可以像天然种子那样用机械在田间直接插种。

其次，在与基因工程结合的研究与应用方面，近年来由于通过基因工程克隆了大量有用产物的基因，特别是干扰素、胰岛素等药物已达到工业化生产的规模，植物学科受到前所未有的震动，许多生物学家和生物化学家着手开始基因工程研究，试图按人们的需要来定向地改良作物。如将抗病、抗虫、抗盐碱的基因或增强农作物光合作用的基因导入一些重要的作物中，并通过组织培养进行无性繁殖来扩增所获得的具有优良性状的植株，从而尽快应用于生产中产生经济效益。目前已有抗虫棉、抗病毒的烟草用于大田实验，引起了各方的广泛关注。科学家预言，21世纪作物的产量将大幅度提高，作物的品质将得到飞跃性的改良。

再次，在生产有用产物的研究与应用上，组织培养也有广阔的前景。植物几乎能生产人类所需要的一切天然有机化合物，如蛋白质、脂肪、糖类、药物、香料等，而这些化合物都是在细胞内合成的。因此，通过植物组织培养对植物的细胞、组织或器官进行无性繁殖，在人工控制的条件下有可能生产这些化合物。这个目标一旦实现，就会改变过去靠天、靠阳光种植作物的传统农业，而成为工厂化农业生产，从而摆脱老天爷的支配，并为人类进军其他星球建立空间工厂化农业来提供粮食、药品等打下坚实基础。这种神奇的理想，随着科技的发展一定能够实现。因为目前通过单细胞培养生产蛋白质已获成功，日本用发酵罐生产紫草宁已达工业化生产规模；在利用细胞培养生产活性成分领域的研究正方兴未艾。

由于环境污染的日益加剧，植物种质资源受到极大威胁，大量有用基因遭到灭顶之灾，特别是珍贵物种。用细胞和组织培养法低温保存种质，抢救有用基因的研究已引起世界各国科学家和政府的广泛重视，进展很快。像胡萝卜和烟草等植物的细胞悬浮物，在$-20℃ \sim -196℃$的低温下贮藏数月，尚能恢复生长，再生成植株。如果南方的橡胶资源库能通过这种方法予以保护，将为生产和研究提供源源不断的原材料。

最后是理论研究上的应用。理论是在实践的基础上总结并发展起来的，对实践具有一定指导作用，同时实践的发展又能推动理论研究的深入及更新。植物组织培养作为一门技术，在植物学的各个方面都得到了广泛应用，推动了植物遗传、生理、生化和病理学的研究，它已成为植物科学研究中的常规方法。

花药和花粉培养获得的单倍体和纯合二倍植物，是研究细胞遗传的极好材料。在细胞培养中很易引起变异和染色体变化，从而可得到作物的新类型，为研究染色体工程开辟新途径。

细胞是进行一切生理活动的场所，植物组织培养有利于了解植物的营养问题，对矿物质营养、有机营养、植物激素的作用机理等可进行深入研究，比自然条件下的实验条件易于控制，更能得出有说服力的结论。

采用细胞培养鉴定植物的抗病性也会变得简便有效，能很快得到结果。

我们可以看出，植物克隆技术已渗透到农、工、医及人民生活的各个方面，随着科技的发展，其应用前景将日益广阔。

知识点

原生质体

原生质体是一生物工程学的概念，是指脱去细胞壁的植物、真菌或细菌细胞。原生质体是细胞进行各类代谢的主要场所，是细胞中重要的部分。原生质体由原生质分化形成，具体包括细胞膜和膜内细胞质及其他具有生命活性的细胞器。植物和动物的细胞核、线粒体、高尔基体和细菌的核糖体、拟核等，都属于原生质体。

延伸阅读

植物快速繁殖的内因和根本

细胞的全能性与植物的全息性是植物实现快速繁殖的内因与根本。所谓细胞的全能性是指植物细胞包含的 DNA 基因在适宜的条件下，能复制出与母体遗传性状相同的植株。植物的全息性是指植物的枝、叶、芽等部分器官或组织都包含有整个植株的所有信息。所有全息性、全能性的营养器官必须在适宜的条件下，才能发育成完整的植株。如叶片，需要在适宜的环境中，才能长出很多的小苗。每株小苗在信息上是一样的。细胞的全能性与植物的全息性都离不开外因的作用，也就是适宜的条件，在快速繁殖的过程中，这种适宜的条件就是通过计算机智能控制技术提供的温、光、气、热、营养、激素等。

SHENGWUHUAXUE QIYUJI

动物克隆技术

我们都知道包括人类在内的高等动物，严格按照有性繁殖的方式繁衍后代，即分别来源于雌雄个体的卵细胞和精子细胞结合，形成受精卵，受精卵经过不断分裂最后孕育成一个新的个体。也就是说，在高等动物体内，只有受精卵能够实现细胞的全能性。这种有性生殖的后代分别继承了父母各一半的遗传信息。

鉴于此，科学家们设想，能不能借受精卵，甚至卵细胞实现动物细胞的全能性，使高等动物进行无性繁殖，获得大量完全相同的动物"拷贝"。

我们已经知道，克隆为无性繁殖，即不需要精子参与，细胞或动物个体数量就可不断地繁殖增多，好像是一种工业产品按一定模型不断复制一样，以这种方式复制出来的动物外形、性能和基因类型等完全一样。该项技术可以迅速加快良种家畜的繁殖，使大力发展畜牧业呈现出广阔的前景，也为生物学、遗传学等学科的研究和发展，进一步揭示生命的奥妙广开门路，提供非常美妙的方法。目前克隆哺乳动物的方法由简单到复杂有以下几种：

胚胎分割

将未着床的早期胚胎用显微手术的方法一分为二、一分为四或更多次地分割后，分别移植给受体内让其妊娠产仔。由一枚胚胎可以克隆为两个以上的后代，遗传性能完全一样。胚胎二分割已克隆出的动物有小鼠、家兔、山羊、绵羊、猪、牛和马等。我国除马以外，以上克隆动物都有。胚胎四分割的克隆动物有小鼠、绵羊、牛。我国胚胎四分割以上克隆动物均有。

胚胎细胞核移植

用显微手术的方法分离未着床的早期胚胎细胞（分裂球），将其单个细胞导入去除染色质的未受精的成熟的卵母细胞，经过电融合，让该卵母细胞胞质和导入的胚胎细胞核融合、分裂、发育为胚胎。将该胚胎移植给受体，让其妊娠产仔。理论上讲，一枚胚胎有多少个细胞，就可克隆出多少个后代，亦可将克隆出胚胎的细胞再经过核移植连续克隆出更多的胎，得到更多的克隆动物。目前胚胎细胞核移植克隆的动物有小鼠、兔、山羊、绵羊、猪、牛和猴子等。我国除猴子以外，其他克隆动物都有，亦连续核移植克隆山羊。该技术比胚胎分割技术更进了一步，将克隆出更多的动物。因胚胎分割次数越多，每份细胞数越少，发育成个体的能力越差。

胚胎干细胞核移植

将胚胎或胎儿原始生细胞经过抑制分化培养，让其细胞数成倍增多，但细胞不分化，每个细胞仍具有发育成一个个体的能力。将该单个细胞利用以上核移植技术，将其导入除去染色质的成熟的卵母细胞内克隆胚胎，经移植至受体，妊娠、产仔、克隆。从胚胎理论上讲，可以克隆出成百或更多的动物，比以上胚胎细胞核移植可克隆出更多的动物。目前只有小鼠分离克隆出胚胎干细胞系，克隆出小鼠。牛、猪、羊、兔只分离克隆出胚胎类干细胞。该细胞移植已克隆出牛、猪、兔和山羊的后代。我国已分离出小鼠胚胎干细胞系，有嵌合体小鼠产生；已分离出兔、牛和猪胚胎类干细胞，传代两代，但还未能产出个体。

胎儿成纤维细胞核移植

由妊娠早期胎儿分离出胎儿成纤维细胞，采用如上核移植的方法克隆出胚胎，经移植受体，妊娠仔，克隆出动物个体。

体细胞核移植

将动物体细胞经过抑制培养细胞处于休眠状态，采用以上核移植的方法，将其导入去除染色质的成熟的卵母细胞克隆胚胎，经移植受体，妊娠产仔，克隆出动物。从理论上讲，这可以无限制地克隆出动物个体。该项技术的突破，有人讲可以和原子弹的发明相提并论，其科学和生产应用价值巨大。

胚胎嵌合

将两枚胚胎细胞（同时或异种动物胚胎）变合共同发育成为一个胚胎为

SHENGWUHUAXUE QIYUJI

嵌合胚胎。将该胚胎移植给受体，妊娠产仔，如该仔畜具有以上两种动物胚胎的细胞称之为嵌合体动物。嵌合体一词起源于希腊神话，它是指狮头、羊身、龙尾的一种怪物。如同种类黑鼠和白鼠胚胎嵌合，生下黑白相间的花小鼠。不同种的绵羊和山羊胚胎细胞嵌合，可生下绵山羊，既有绵羊的特征，又有山羊的特征。该技术多应用于发育生物学、免疫学和医学动物模型等科的研究。利用该项技术亦可检测动物胚胎干细胞的全能性，即将胚胎干细胞和同种动物胚胎嵌合，如生下嵌合体，包括生殖系在内组织细胞嵌合，即可确认该干细胞具有全能性。在畜牧业生产中亦具有重要意义，如对水貂、狐狸、绒鼠等毛皮动物，利用嵌合体可以得到按传统的交配或杂交法不能得到的皮毛花色后代，提高毛皮的商品性能，可以克服动物间杂交繁殖障碍，创造出新的物种。亦设想利用该项技术可以进行异种动物彼此妊娠产仔，加快珍稀动物的繁殖，如利用其他动物代替珍贵的大熊猫妊娠产仔，加快国宝的繁殖，亦可通过该技术培育出含人类细胞的猪，使猪器官能为人类器官移植用。亦可将外源基因导入一种细胞和胚胎相合，可以生下含该外源基因的嵌合体动物，亦可遗传下去，具有重要的研究和生产应用价值。目前嵌合体动物有小鼠、大鼠、绵羊、山羊、猪和牛等；种间嵌合体动物有大鼠—小鼠嵌合体，绵羊—山羊嵌合体，马—斑马嵌合体，牛—水牛嵌合体。我国有嵌合体动物小鼠、家兔和山羊。

胚胎干细胞

胚胎干细胞是早期胚胎（原肠胚期之前）或原始性腺种分离出来的一类细胞，它具有体外培养无限增殖、自我更新和多向分化的特性。无论在体外还是体内环境，胚胎干细胞都能被诱导分化为机体几乎所有的细胞类型，包括组织和器官以及生殖细胞。

延伸阅读

保护和拯救濒危动物的新途径

在不同种间进行细胞核移植也是切实可行的，1998 年 1 月，美国威斯康星 – 麦迪逊大学的科学家们以牛的卵子为受体，成功克隆出猪、牛、羊、鼠和猕猴 5 种哺乳动物的胚胎，这一研究结果表明，某个物种的未受精卵可以同取自多种动物的成熟细胞核相结合。虽然最终这些胚胎都流产了，但它对异种克隆的可能性作了有益的尝试。1999 年，美国科学家用牛卵子克隆出珍稀动物盘羊的胚胎。同年我国科学家也用兔卵子克隆了大熊猫的早期胚胎，这些成果说明克隆技术有可能成为保护和拯救濒危动物的一条新途径。

神奇的基因探针技术

基因探针，即核酸探针，是一段带有检测标记且顺序已知的与目的基因互补的核酸序列（DNA 或 RNA）。基因探针通过分子杂交与目的基因结合，产生杂交信号，能从浩瀚的基因组中把目的基因显示出来。根据杂交原理，作为探针的核酸序列至少必须具备以下两个条件：①应是单链。若为双链，必须先行变性处理。②应带有容易被检测的标记。它可以包括整个基因，也可以仅仅是基因的一部分；可以是 DNA 本身，也可以是由之转录而来的 RNA。

基因探针的来源

DNA 探针根据其来源有 3 种：一种来自基因组中有关的基因本身，称为基因组探针；另一种是从相应的基因转录获得了 mRNA，再通过逆转录得到的探针，称为 cDNA 探针。与基因组探针不同的是，cDNA 探针不含有内含子序列。此外，还可在体外人工合成碱基数不多的与基因序列互补的 DNA 片段，称为寡核苷酸探针。

基因探针的制备

进行分子突变需要大量的探针拷贝，后者一般是通过分子克隆获得的。克隆是指用无性繁殖方法获得同一个体细胞或分子的大量复制品。当制备基因组DNA探针进入时，应先制备基因组文库，即把基因组DNA打断或用限制性酶做不完全水解，得到许多大小不等的随机片段，将这些片段体外重组到运载体（噬菌体、质粒等）中去，再将后者转染适当的宿主细胞如大肠杆菌，这时在固体培养基上可以得到许多携带有不同DNA片段的克隆噬菌斑，通过原位杂交，从中可筛出含有目的基因片段的克隆，然后通过细胞扩增，制备出大量的探针。

为了制备cDNA探针，首先需分离纯化相应的mRNA，这从含有大量mRNA的组织、细胞中比较容易做到。如从造血细胞中制备α或β珠蛋白mRNA。有了mRNA作模板后，在逆转录酶的作用下，就可以合成与之互补的DNA（即cDNA），cDNA与待测基因的编码区有完全相同的碱基顺序，但内含子已在加工过程中切除。

寡核苷酸探针是人工合成的，与已知基因DNA互补的，长度可从十几到几十个核苷酸的片段。如仅知蛋白质的氨基酸顺序量，也可以按氨基酸的密码推导出核苷酸序列，并用化学方法合成。

基因探针的标记

为了确定探针是否与相应的基因组DNA杂交，有必要对探针加以标记，以便在结合部位获得可识别的信号，通常采用放射性同位素^{32}P标记探针的某种核苷酸α磷酸基。但近年来已发展了一些用非同位素如生物素、地高辛配体等作为标记物的方法，但都不及同位素敏感。非同位素标记的优点是保存时间较长，而且避免了同位素的污染。最常用的探针标记法是缺口平移法。首先用适当浓度的DNA酶Ⅰ在探针DNA双链上造成缺口，然后再借助于DNA聚合酶Ⅰ5′→3′的外切酶活性，切去带有5′磷酸的核苷酸；同时又利用该酶的5′→3′聚酶活性，使^{32}P标记的互补核苷酸补入缺口，DNA聚合酶Ⅰ的这两种活性的交替作用，使缺口不断向3′的方向移动，同时DNA链上的核苷酸不断为^{32}P标记的核苷酸所取代。

探针的标记可以采用随机引物法，即向变性的探针溶液加入6个核苷酸的随机 DNA 小片段，作为引物，当后者与单链 DNA 互补结合后，按碱基互补原则不断在其 3′OH 端添加同位素标记的单核苷酸，这样也可以获得比放射性很高的 DNA 探针。

DNA 探针

DNA 探针是最常用的核酸探针，指长度在几百碱基对以上的双链 DNA 或单链 DNA 探针。现已获得 DNA 探针数量很多，有细菌、病毒、原虫、真菌、动物和人类细胞 DNA 探针。这类探针多为某一基因的全部或部分序列，或某一非编码序列。这些 DNA 片段须是特异的，如细菌的毒力因子基因探针和人类 Alu 探针。这些 DNA 探针的获得有赖于分子克隆技术的发展和应用。以细菌为例，目前分子杂交技术用于细菌的分类和菌种鉴定比之 G + C 百分比值要准确得多，是细菌分类学的一个发展方向。加之分子杂交技术的高敏感性，分子杂交在临床微生物诊断上具有广阔的前景。细菌的基因组大小约 5×10^6bp，约含 3 000 个基因。各种细菌之间绝大部分 DNA 是相同的，要获得某细菌特异的核酸探针，通常要采取建立细菌基因组 DNA 文库的办法，即将细菌 DNA 切成小片段后分别克隆得到包含基因组的全信息的克隆库。然后用多种其他菌种的 DNA 作探针来筛选，产生杂交信号的克隆被剔除，最后剩下的不与任何其他细菌杂交的克隆则可能含有该细菌特异性 DNA 片段。将此重组质粒标记后作探针进一步鉴定，亦可经 DNA 序列分析鉴定其基因来源和功能。因此要得到一种特异性 DNA 探针，常常是比较繁琐的。探针 DNA 克隆的筛选也可采用血清学方法，所不同的是所建 DNA 文库为可表达性，克隆菌落或噬斑经裂解后释放出表达抗原，然后用来源细菌的多克隆抗血清筛选阳性克隆，所得到多个阳性克隆再经其他细菌的抗血清筛选，最后只与本细菌抗血清反应的表达克隆即含有此细菌的特异性基因片段，它所编码的蛋白是该菌种所特有的。用这种表达文库筛选得到的显然只是特定基因探针。

对于基因探针的克隆还有更快捷的途径。这也是许多重要蛋白质的编码基因的克隆方法。该方法的第一步是分离纯化蛋白质，然后测定该蛋白的氨基或羟基末端的部分氨基酸序列，根据这一序列合成一套寡核苷酸探针。用此探针在 DNA 文库中筛选，阳性克隆即是目标蛋白的编码基因。值得一提的是真核细胞和原核细胞 DNA 组织有所不同。真核基因中含有非编码的内含子序列，而原核则没有。因此，真核基因组 DNA 探针用于检测基因表达时杂交效率要明显低于 cDNA 探针。

DNA 探针（包括 cDNA 探针）的主要优点有以下 3 点：

① 这类探针多克隆在质粒载体中，可以无限繁殖，取之不尽，制备方法简便。

② DNA 探针不易降解（相对 RNA 而言），一般能有效抑制 DNA 酶活性。

③ DNA 探针的标记方法较成熟，有多种方法可供选择，如缺口平移、随机引物法、PCR 标记法等，能用于同位素和非同位素标记。

DNA 探针可以用来诊断寄生虫病、现场调查及虫种鉴定，可用于病毒性肝炎的诊断、遗传性疾病的诊断，可用于改造变异的基因，可用于检测饮用水病毒的含量。具体方法：用一个特定的 DNA 片段制成探针，与被测的病毒 DNA 杂交，从而把病毒检测出来。与传统方法相比具有快速、灵敏的特点。传统的检测一次，需几天或几个星期的时间，精确度不高，而用 DNA 探针只需 1 天。据报道，能从 1 吨水中检测出 10 个病毒来，精确度大大提高。

RNA 探针

RNA 探针是一类很有前途的核酸探针，由于 RNA 是单链分子，所以它与靶序列的杂交反应效率极高。早期采用的 RNA 探针是细胞 mRNA 探针和病毒 RNA 探针，这些 RNA 是在细胞基因转录或病毒复制过程中得到标记的，标记效率往往不高且受到多种因素的制约。这类 RNA 探针主要用于研究目的，而不是用于检测。例如，在筛选逆转录病毒人类免疫缺陷病毒（HIV）的基因组 DNA 克隆时，因无 DNA 探针可利用，就利用 HIV 的全套标记 mRNA 作为探针，成功地筛选到多株 HIV 基因组 DNA 克隆。又如进行中的转录分析时，在体外将细胞核分离出来，然后在 $\alpha-^{32}P-ATP$ 的存在下进行转录，所合成 mRNA 均掺入同位素而得到标记，此混合 mRNA 与固定于硝酸纤维素滤膜上的某一特定的基因的 DNA 进行杂交，便可反映出该基因的转录状态，这是一种反向探针实验技术。

近几年体外转录技术不断完善，已相继建立了单向和双向体外转录系统。

该系统主要基于一类新型载体 pSP 和 pGEM，这类载体在多克隆位点两侧分别带有 SP6 启动子和 T7 启动子，在 SP6RNA 聚合酶或 T7RNA 聚合酶作用下可以进行 RNA 转录，如果在多克隆位点接头中插入了外源 DNA 片段，则可以此 DNA 两条链中的一条为模板转录生成 RNA。这种体外转录反应效率很高，在 1 小时内可合成近 10 微克的 RNA 产生，只要在底物中加入适量的放射性或生物素标记的 NTP，则所合成的 RNA 可得到高效标记。该方法能有效地控制探针的长度并可提高标记物的利用率。

值得一提的是，通过改变外源基因的插入方向或选用不同的 RNA 聚合酶，可以控制 RNA 的转录方向，即以哪条 DNA 链以模板转录 RNA。这种可以得到同义 RNA 探针（与 mRNA 同序列）和反义 RNA 探针（与 mRNA 互补），反义 RNA 又称 cRNA，除可用于反义核酸研究外，还可用于检测 mRNA 的表达水平。在这种情况下，因为探针和靶序列均为单链，所以杂交的效率要比 DNA－DNA 杂交高几个数量级。RNA 探针除可用于检测 DNA 和 mRNA 外，还有一个重要用途：在研究基因表达时，常常需要观察该基因的转录状况。在原核表达系统中外源基因不仅进行正向转录，有时还存在反向转录（即生成反义 RNA），这种现象往往是外源基因表达不高的重要原因。另外，在真核系统，某些基因也存在反向转录，产生反义 RNA，参与自身表达的调控。在这些情况下，要准确测定正向和反向转录水平就不能用双链 DNA 探针，而只能用 RNA 探针或单链 DNA 探针。

探针是能与特异靶分子反应并带有供反应后检测的合适标记物的分子。利用核苷酸碱基顺序互补的原理，用特异的基因探针即识别特异碱基序列的有标记的一段单链 DNA（或 RNA）分子，与被测定的靶序列互补，以检测被测靶序列的技术叫核酸探针技术。探针制备就是将目的基因进行标记。特异性探针有 3 种形式——Cdna、RNA、寡核苷酸。cDNA 和寡核苷酸是目前最常采用的探针。RNA 探针用途很广，也容易获得，但其不稳定性限制了其商业用途。cDNA 探针的获得是将特定的基因片段装载到质粒或噬菌体中，经过扩增、酶切、纯化等复杂的步骤，才能得到一定长度的 cDNA 探针。这一过程比较复杂，有相应条件的实验室才能做到。寡核苷酸探针是在已知基因序列的情况下，由核酸合成仪来完成，可廉价获得大量的此类探针。质量也相对来说更为稳定。由于 cDNA 探针长度通常为数百至数千个碱基，所以有良好的信号放大作用，但其渗透性比较差。寡核苷酸探针一般为十数个至数十个碱基，渗透性强，但信号放大作用则较差，合成的多相寡核苷酸探针，敏感性可以达到 cDNA 探针水平。

探针的标记方式有放射性标记和非放射性标记。标记物质有放射性元素（如 ^{32}P 等）和非放射性物质（如生物素、地高辛等）。^{32}P 是最常用的核苷酸标记同位素，被标记的 dNTP 本身就带有磷酸基团，便于标记。特点是比活性高，发射的 β 射线能量高。用它标记的探针自显影时间短、灵敏度高。^{32}P 的半衰期短，虽使用不方便，但为废弃物的处理减轻了压力。非放射性标记法有酶标记法和化学物标记法。酶标方法与免疫测定 ELISA 方法相似，只是被标记的核酸代替了被标记的抗体，事实上被标记的抗体也称为探针，现有许多商品是生物素、地高辛标记的。血凝素与生物素有非常高的亲和性，当血凝素标记上过氧化物酶或碱性磷酸酶，经杂交反应最终形成探针－生物素－血凝素酶复合物（ABC 法），酶催化底物显色，观察结果。ABC 法底物显色生成不溶物，以便观测结果。酶标记法复杂、重复性差、成本高，但便于运输、保存，灵敏度与放射物标记法相当。

探针合成的注意事项：①合成探针的长短，一般在 20～50 个核苷酸之间。合成过长成本高且易出现聚合酶合成错误，杂交时间长，合成太短则特异性下降。②碱基组成 G－C 应含 40%～60%，一种碱基连续重复不超过 4 个，以免非特异性杂交产生。③探针自身序列内应无互补区域，以免产生"发夹"结构，影响杂交。总之，一个好的探针最终要在实践中才能加以确认。

知识点

延伸阅读

基因诊断技术的发展

基因诊断方法包括 DNA 探针杂交、PCR 或两者兼有的技术。近几年来生物芯片特别是基因芯片技术的快速发展，以及人类新基因的大规模克隆，使得基因诊断技术从以前的一个或几个基因的诊断发展为集约化基因诊断——即同时对数百个、数千个甚至数万个基因的诊断。这样就完全有可能通过对某一疾病相关的所有基因检测后，根据患者个体基因型的不同情况，采取针对性的药物治疗或基因治疗，以达到最佳的治疗效果。这种方法不仅简便，且可用少至一个细胞的样品进行诊断。由于基因芯片技术的发展，21 世纪人们的基因诊断不仅可能贯穿对疾病治疗的全过程，也可贯穿人的一生——从早自胎儿出生前直到个体死亡，并且可以通过生物信息处理而得出最有诊断意义的结果。通过早期预测和提前治疗，达到真正意上的疾病防治。

近年来基因诊断技术突飞猛进的发展得益于以人类基因研究为主导的生命科学与技术、信息科学与技术、微细结构制造加工与分析技术的发展，以及各学科间日益密切的配合，为人类健康事业的进步作出了巨大的贡献，也极大地推动了整个生命科学的发展。例如日本中外制药公司销售了两种 DNA 探针：一种用于结核菌鉴定，另一种用于非定型抗酸菌鉴定。传统鉴定均需对样品进行较长时间的细菌培养，而后用常规方法进行检测，需时很长。而用 DNA 探针则由于灵敏度的大大提高，可直接从样品中测定，速度大大加快，患者可以及时获得确诊而不致贻误用药时机。

生活中的生物化学

> 生物化学无处不在，在日常生活中也不乏它们"活跃"的身影：醋是一种很好的调味料，但食用过多反而有害，这是什么原因呢？隔夜茶真的含有可以转变成致癌物亚硝胺的二级胺吗？喝了隔夜茶真的会致癌吗？南极企鹅的脚终年踏在冰冷的地上，为什么没有冻坏呢……一切的一切自有其道理所在。

食醋的同时要摄入碱性食物

　　食醋有益，但食醋过量和干脆大量喝醋对人体健康是极为不利的。醋又名苦酒。中医认为，醋有散瘀、敛气、消肿、解毒、下气、消食的作用，适量吃点醋有益健康。但若把醋当保健饮料来喝则绝对不行。因为大量喝醋不但会引起胃脘嘈杂泛酸，还会影响筋骨的正常功能，即中医所说的"醋伤筋"。

　　从醋的化学成分分析，其主要成分是醋酸、不挥发酸、氨基酸、糖等。因此，醋有消毒灭菌、降低辣味、保护原料中维生素 C 少受损失等功效；还可助消化，改善胃里的酸环境，抑制有害细菌的繁殖。因此适当吃点醋对于人体健康是有好处的。但机体健康的首要条件是保持器官的正常工作。当大量喝醋时，大量的醋进入人体，将改变胃液的 pH 值，对胃黏膜造成损伤。身体健康者大量食醋可引起胃痛、恶心、呕吐，甚至引发急性胃炎；而胃炎患者大量食醋会使胃病症状加重，有溃疡的人可诱使溃疡发作。同时，由于醋酸的大量吸收还将会影响整个人体的酸碱平衡。正常情况下，人体血液、体液的酸碱度多应保持在 pH 值 7.35 ~ 7.45 之间，呈弱碱性。酸性与碱性食物的摄入都将影响血液、体液的酸碱度。从生理学角度看，酸性食物摄入过多，将会引起血液、体液的酸度增高，发生酸中毒。人体内呈酸性，短时间内会感觉不适、疲乏、精神萎靡等，如长期处于多酸状态，将会引起体内电解质紊乱，易诱发神经衰弱、动脉硬化、高血压和冠心病等。而鸡、鸭、鱼、肉、蛋、糖、酒等食物在体内也会代谢分解成酸性氧化物，如与醋同时大量进食将更容易使机体环境的酸碱度发生改变，使血液和体液呈酸性，从而危害人体健康。因此，人们在食醋的同时应注意添加些碱性食物，使酸碱摄入量达到平衡。大部分碱性食物中都富含钙、锌、镁、钠等金属离子，大部分水果和蔬菜、大豆等都属于此类，尤其以橙、芦柑、苹果、香蕉、香菇、木耳、茄子、西红柿等为最佳。这类食品在人体内氧化分解后会产生带阳离子的碱性氧化物，能中和酸性物质，维持人体血液和体液的正常酸碱平衡。

知识点

pH 值

pH 值又称氢离子浓度指数，是指溶液中氢离子的总数和总物质的量的比。通俗来讲，pH 值就是表示溶液酸性或碱性程度的数值。氢离子浓度指数一般在 0 ~ 14 之间，当它为 7 时溶液呈中性，小于 7 时呈酸性，值越小，酸性越强；大于 7 时呈碱性，值越大，碱性越强。

延伸阅读

醋的发明故事

　　相传醋是酒圣杜康的儿子黑塔发明的。就在杜康发明了酿酒术的那一年，他举家来到镇江，在城外开了个小糟坊酿酒。儿子黑塔帮助父亲酿酒，同时他还养了匹黑马。一天，黑塔给缸内酒糟加了几桶水，兴致勃勃地搬起酒坛子一口气喝了好几斤米酒。没多久，黑塔就醉醺醺的回马房睡觉了。不知何时，黑塔迷迷糊糊睁开眼睛看见房内站着一位白发老翁，正笑眯眯地指着大缸对他说："黑塔，你酿的调味琼浆，已经21天了，今日酉时就可以品尝了。"黑塔正欲再问，谁知老翁已不见。黑塔惊醒过来，他回想刚才梦中发生的事情，觉得十分奇怪，这大缸中装的不过是喂马用的酒糟再加了几桶水，怎么会是调味的琼浆？黑塔将信将疑，就喝了一口。谁知一喝，只觉得满嘴香喷喷，酸溜溜，顿觉神清气爽，浑身舒坦。黑塔将这件事告诉了父亲。杜康听了也觉得神奇，便也亲自尝了尝，发觉果然香酸微甜。杜康和黑塔对老翁讲的"二十一天"、"酉时"琢磨许久，还边用手比画着，突然顿悟出："二十一日酉时，这加起来就是个'醋'字，兴许着琼浆就是'醋'吧！"

　　从此杜康父子按照老翁指点办法，在缸内酒糟中加水，经过二十一天酿制，便酿制出酸甜可口的醋。

▮▮▮ 未变质的隔夜茶有保健作用

　　我国是茶的故乡，有历史悠久的茶文化。饮茶好处颇多，众所周知。早上泡上一杯热腾腾的绿茶，幽香并伴着好心情，可放久了，幽幽的绿却变成了红色，这是什么原因呢？还能喝吗？如过了夜，还能喝吗？

　　常听大人们说，隔夜茶，不能喝！理由是认为隔夜茶含有二级胺，可以转变成致癌物亚硝胺！真的是这样吗？

科学证明，这种说法是毫无根据的。应该肯定茶叶中即使有亚硝胺，也是微不足道的，我们日常食用的许多食物中，如面包、蔬菜、腌菜、咸鱼、咸肉等均含有亚硝胺，而且量较茶水中要多上许多。据测定，每千克肉制品中的亚硝胺含量有 4～50 微克，这是不是很可怕，事实并没有想象中的那么可怕，因为人体本身

清幽的绿茶

有分解亚硝胺的功能。另外，亚硝胺要达到每千克体重吸收 100～2 000 毫克才有可能致癌，而且是常年持续性大剂量的服用。一般正常的进食量，是不会产生如此巨大的危害性的，喝茶的数量与摄入的饭菜数量相比，更是微不足道。因此，担心喝茶会带来亚硝胺致癌的危害，是杞人忧天。

研究显示，茶叶中含有丰富的茶多酚和维生素 C，都是亚硝胺天然抑制剂。因此喝茶还能消除其他含有亚硝胺食物带来的危害。茶叶中含有的丰富的茶多酚通过清除氧自由基，抑制脂质过氧化，对其他致癌物的抑制效果也相当明显。茶水中的维生素 C 和维生素 E，也有辅助抗癌的功效。

喝没有变质的隔夜茶其实并没有坏处，但是茶叶易氧化，所以隔夜茶的茶杯上往往会留有茶斑。另外，夏季温度偏高，茶叶容易被细菌污染，发霉、发馊，导致腹泻，所以夏季还是不喝隔夜茶为好。隔夜茶因时间过久，维生素大多已丧失，且汤中蛋白质、糖类等成为细菌、霉菌繁殖的养料，从这个角度来说，隔夜茶也不宜喝。

科学研究表明，未变质的隔夜茶在医疗上和生活上有下列妙用：

抗癌、抗氧化：茶水放置时间长了会变为红褐色，这是由于茶多酚氧化成了红褐色的茶色素。研究表明，茶多酚和茶色素均有很强的抗癌、抗氧化作用，虽然说隔夜茶中维生素 C 的含量大大减少，但依然具有抗病作用。

止血：隔夜茶中含有丰富的酸素，可阻止毛细血管出血。如患口腔炎、舌痛、湿疹、牙龈出血等，均可用隔夜茶漱口治疗。疮口脓疡、皮肤出血也

可用其洗浴。

明目：隔夜茶中的茶多酚有抗菌消炎作用，如果眼睛出现红丝，可以每天用隔夜茶洗几次。

止痒：用温热的隔夜茶洗头或擦身，茶中的氟能迅速止痒，还能防治湿疹。

生发：用隔夜茶洗头，还有生发和消除头屑的功效。如嫌眉毛稀落，每天可用刷子蘸隔夜茶刷眉，日子久了，眉毛自然变得浓密光亮。

固齿洁齿：茶水中的氟与牙齿的珐琅质钙化以后，会增强对酸性物质的抵抗力，减少蛀牙的发生；氟还能消灭牙菌斑，最好饭后两三分钟用茶水漱口。

除口臭：茶中含有精油类成分，气味芳香，清晨刷牙前后或饭后，含漱几口隔夜茶，可使口气清新，经常用茶漱口可消除口臭。

防晒：皮肤被太阳晒伤，可用毛巾蘸隔夜茶轻轻擦拭。因为鞣酸对皮肤有收敛作用，茶中的类黄酮化合物也有抗辐射作用。

去腥除油腻：隔夜茶还有特强的除腥气和除油腻的功效，吃虾蟹后用来洗手备感清爽。

所以，隔夜茶或是冲泡时间过久的茶水，只要没有变质，是没有毒害作用的，还有保健作用。

茶多酚

茶多酚又称茶鞣质或茶单宁，是茶叶中多酚类物质的总称，包括黄烷醇类、花色苷类、黄酮类、黄酮醇类和酚酸类等。其中以黄烷醇类物质（儿茶素）最为重要。茶多酚是形成茶叶色香味的主要成分之一，也是茶叶中有保健功能的主要成分之一。研究表明，茶多酚等活性物质具有解毒和抗辐射作用，能有效地阻止放射性物质侵入骨髓，并可使^{90}锶和^{60}钴迅速排出体外，是"辐射克星"。

延伸阅读

亚硝胺的预防

（1）少吃或不吃隔夜剩饭菜。因为剩菜中的亚硝酸盐含量明显高于新制作的菜。

（2）少吃或不吃咸鱼、咸蛋、咸菜。因为其中也含有较多的亚硝胺化合物。在腌制食品时，要注意掌握好时间、温度和食盐的用量。食盐在腌制食品过程中有抑菌防腐的作用，因此腌制时间过短、温度过高或食盐用量不足10%，都容易造成腌制食品中的细菌大量繁殖，使腌制食品中的亚硝酸盐含量增加。当浓度在10%～15%时，只有少数细菌生长；当浓度超过20%时，几乎所有微生物都会停止生长。一般腌制10天后，腌制食品中的亚硝酸盐开始下降。也就是说，吃腌制食品要在腌制15天之后。

（3）多食用抑制亚硝胺形成的食物，如大蒜、茶、富含维生素C的蔬菜和水果。

过敏体质小孩常有感冒症状

门诊中常有家长抱怨其小孩常感冒，虽然很细心地照顾小孩，但小孩就是一直感冒不愈，吃了药，症状改善了，但停药没几天，小孩子又流鼻涕、咳嗽，反复出现感冒症状，如此频繁吃药的小孩常使其父母颇为苦恼和担心。其实这些小孩都有过敏体质，并不是每次流鼻涕、咳嗽症状都是感冒所引起的，只是呼吸道的过敏症状和感冒的症状很相同罢了。一般我们说感冒是身体受到病毒或细菌的感染所致，除了会流鼻涕、咳嗽外，通常小孩常会有喉咙痛和发热的现象，食欲及体力也会变差，但一个有过敏体质的小孩，并不是受到感冒病毒的感染才会有流鼻涕、咳嗽的症状，像突然的温差变化，如从外面炎热的天气进到冷气房内或吸到汽车的废气，进入油漆的房间，早上醒来翻动棉被而吸入棉絮或灰尘，和小猫小狗玩吸到动物的毛屑，剧烈的运动等等，都可能出现打喷嚏、流鼻涕、咳嗽等症状，但这些小孩的精神状况和食欲都仍很好，所以一个常打喷嚏、流鼻涕或咳嗽的小孩，应该考虑其症状并不是每次都是由感冒病毒所引起的，是不是还有其他的因素。

一个有过敏体质的小孩，因为致敏的因素很多，所以常会有打喷嚏、流鼻涕或咳嗽等症状，因此大人会抱怨小孩常感冒，吃药都吃不好，同时，大人也会发现小孩经常流汗，尤其晚上睡觉时满头大汗，皮肤瘙痒，常抓来抓去，手肘弯、膝弯的部位常会长湿疹（异位性皮炎），常喜欢揉眼睛，下眼皮皮肤色素沉积而形成黑眼圈。因为常常在服药，所以常会喊肚子痛（胀气），或者较严重时呼吸会有急促的现象（气喘），这些都是有过敏体质小孩的典型症状。什么是过敏体质呢？简单来说，人身体有一套免疫系统，它会对外界和体内的环境做适当的调节，以维持身体环境的稳定性，当外界有异物（抗原）进入身体内，身体的免疫系统就开始发挥它的作用（抗体）来清除这些异物，但当体内的免疫系统太过旺盛了，本来应该保护身体的，反而对身体产生了伤害并表现出一些疾病的症状来。医学上就说这些人带有过敏的体质。

当一个有过敏体质的小孩有了咳嗽、流鼻涕等症状而到医院看病，常常是如此频繁地看诊和吃药，但吃药也仅仅是在止咳及止流鼻涕而已，等停药了症状又复发了。所以有过敏体质的小孩可以改服用中药。中药有改善小孩体质的作用且临床上服用中药的小孩感冒时多半不会有气喘的发作。另外对于小孩的生活环境一定要整洁干净，尽量降低灰尘的污染，因为有过敏体质的小孩，其气管黏膜一直存在着过敏的发炎反应，因气管黏膜的持续过敏发炎，所以气管黏膜碰到种种的过敏因素，如室尘、动物的毛屑、棉絮、霉菌、化学异味、烟味等，很容易就会打喷嚏、流鼻涕、咳嗽或者气喘发作等症状。另外，要让孩子多运动，晒晒太阳，再则要忌食冰冷食物。

病 毒

病毒是由一个核酸分子与蛋白质构成的非细胞形态的营寄生生活的生命体。病毒有几个主要特征：①形体极其微小，必须在电子显微镜下才能观察到。②没有细胞构造，其主要成分仅为核酸和蛋白质两种。③每一种病毒只含一种核酸，不是 DNA 就是 RNA。④只能利用宿主活细胞内现成代谢系统合成自身的核酸和蛋白质成分。⑤在离体条件下，能以无生命的生物大分子状态存在，并长期保持其侵染活力。⑥对一般抗生素不敏感，但对干扰素敏感。

生活中常见的过敏原

过敏原就是导致有过敏体质的人发生过敏反应的物质。日常生活中常见如下过敏原：

（1）吸入式过敏原：如花粉、柳絮、粉尘、动物皮屑、油烟、油漆、煤气、香烟等。

（2）食入式过敏原：如牛奶、鸡蛋、鱼虾、牛羊肉、海鲜、动物脂肪、酒精、抗生素、消炎药、香油、香精、葱、姜、大蒜以及一些蔬菜、水果等。

（3）接触式过敏原：如冷空气、热空气、紫外线、辐射、化妆品、洗发水、洗洁精、染发剂、肥皂、化纤制品、塑料、金属饰品、细菌、霉菌、病毒、寄生虫等。

（4）注射式过敏原：如青霉素、链霉素、异种血清等。

酒精对人体的兴奋与抑制

乙醇俗称酒精，分子式为 CH_3CH_2OH，相对分子质量 46.07。为无色透明液体，易挥发，有辛辣味，易燃烧，沸点为 78.5℃，能与水以任意比例混溶。

酒精以不同的比例存在于各种酒中，它在人体内可以很快发生作用，改变人的情绪和行为。这是因为酒精在人体内不需要经过消化作用，就可直接扩散进入血液中，并分布至全身。酒精被吸收的过程可能在口腔中就开始了，到了胃部，也有少量酒精可直接被胃壁吸收，到了小肠后，小肠会很快地大量吸收。酒精吸收进入血液后，随血液流到各个器官，但主要分布在肝脏和大脑中。

酒精在体内的代谢过程，主要在肝脏中进行，少量酒精可在进入人体之后，马上随肺部呼吸或经汗腺排出体外，绝大部分酒精在肝脏中先与乙醇脱氢酶作用，生成乙醛。乙醛对人体有害，但它很快会在乙醛脱氢酶的作用下转化成乙酸。乙酸是酒精进入人体后产生的唯一有营养价值的物质，它可以提供人体需要的热量。酒精在人体内的代谢速率是有限度的，如果饮酒过量，酒精就会在体内器官，特别是在肝脏和大脑中积蓄，积蓄至一定程度即出现酒精中毒症状。

如果在短时间内饮用大量酒，初始酒精会像轻度镇静剂一样，使人兴奋，减轻抑郁程度，这是因为酒精压抑了某些大脑中枢的活动，这些中枢在平时对兴奋行为起抑制作用。这个阶段不会维持很久，接下来，大部分人会变得安静、忧郁、恍惚，直到不省人事，严重时甚至会因心脏被麻醉或呼吸中枢失去功能而造成窒息死亡。

知识点

代　谢

代谢是生物体内所发生的用于维持生命的一系列有序的化学反应的总称。这些反应进程使得生物体能够生长和繁殖、保持它们的结构以及对外界环境做出反应。通常，代谢被分为分解代谢和合成代谢。分解代谢可以对大的分子进行分解以获得能量，如细胞呼吸。合成代谢则可以利用能量来合成细胞中的各个组分，如蛋白质和核酸等。代谢是生物体不断进行物质和能量交换的过程，一旦生物体的代谢停止，生命也就停止了。

延伸阅读

白酒的生活妙用

（1）去腥味。手上有了鱼虾腥味时，可以在手心里倒一些白酒搓洗，再用清水冲洗，即可去掉腥味。

（2）消除苦味。洗鱼时如果把胆弄破了，马上在胆汁污染处抹一点白酒，用冷水冲洗，能消除苦味。

（3）减轻酸味。做菜时如果醋多了，只要往菜里倒些白酒，可减轻酸味。

（4）酱油里面放一些白酒，可防止酱油发霉。

（5）醋中加一些白酒，再加一点盐搅拌，可以让醋更香，而且不容易坏。

（6）保存豆类时可以把豆子装入塑料袋或容器，喷一些白酒，盖严后可防止生虫。

（7）如果想给冻鱼快速解冻，可以在鱼身洒些白酒再放回冰箱，鱼很快就会解冻了。

（8）在夹生饭锅中浇些白酒，盖上锅盖再蒸会儿，可完全蒸熟。

（9）红烧牛羊肉时加点白酒，可消除膻味，还可使味道鲜美并容易烂。

（10）将油炸花生米盛入盘中趁热洒少许白酒，可保持花生酥脆不回潮。

（11）在活鲜鱼嘴里滴几滴白酒，放回水里，放于阴暗透气的地方，能活 3～5 天。

（12）擦玻璃或镜片时可以用一些白酒，会使玻璃干净明亮。

（13）烹调脂肪较多的肉类或鱼时加些白酒，能使菜肴味道鲜美不油腻。

（14）衣服上如果沾到碘酒，可以涂一些白酒进行揉搓，可以消除碘迹。

鱼比肉容易坏的原因

鱼相对于肉类容易腐烂的原因有下面几点：

（1）鱼的鳃和内脏藏着很多细菌。鱼一旦死亡，这些部位的细菌立刻迅速繁殖，并穿透鳃和脊柱边上的大血管，沿血管很快伸向肌肉组织。经检测，50 克鱼肉里有 5 000～16 000 个细菌，它们的来源主要是鳃。反之，畜肉（猪、牛、羊）一般都是宰杀放血，并立即开膛去脏，减少了细菌污染的机会。检测也表明，健康的畜肉是无菌的。

（2）鱼肉是被疏松的少量结缔组织分隔为很多小肌群的，细菌很容易沿着疏松的组织间隙侵入肌肉。而畜肉是被致密坚硬的结缔组织（即筋）包围成一束一束的，细菌比较不容易侵入肌肉。如果鱼在捕获时就已受伤，则细菌更易从伤口进入肌肉。而畜类发生这种现象就比较少。

（3）鱼肉含糖量一般只有0.3%左右，而畜肉则多半在1%以上。动物死后，肉里的糖即转化为乳酸，使肉酸度增高并发生僵直变硬。酸度增高和肉僵硬都起抑制细菌繁殖的作用。鱼肉因为含糖少，所以产生乳酸也少，肉酸度和僵直维持的时间都不及畜肉。鱼肉僵直时期很快消失并进入自溶阶段（蛋白质分解阶段），为细菌的滋长创造了条件。

由于以上各种原因，所以鱼肉比畜肉容易坏。为了减慢鱼腐烂过程，买到鱼后应尽快去鳞、鳃、内脏，用清水洗净血液和黏液，将肚子用一根小棍撑开，挂在阴凉通风处或冰箱里，并及时腌制加工，或及时烹调做熟。

乳　酸

乳酸是无氧糖酵解的终产物，是由乳酸脱氢酶的作用使丙酮酸还原而生成的。乳酸的纯品为无色液体，工业品为无色到浅黄色液体。无气味，具有吸湿性，熔点 18℃，沸点 122℃，能与水、乙醇、甘油混溶，不溶于氯仿、二硫化碳和石油醚。

鱼保鲜的方法

（1）蒙眼法。将一张薄纸用水浸湿，把鱼的眼睛蒙上，放入塑料袋中，这样即使没有水，鱼也可以存活约 1 个小时。

（2）白酒保活法。用一只棉球，蘸上白酒，塞到鱼的嘴里，不要用水，只要盖上湿毛巾，几个小时鱼也不会死。

（3）低温保鲜法。将鱼洗净后，装入塑料袋或放在塑料托盘上，放入冰箱冷冻室速冻，然后移放在低温室。

（4）盐水保鲜法。可先将活鱼或新鲜鱼放入 2% ~2.5% 的盐水中，历经 10 ~15 分钟，这样可以抑制细菌的生长，一般在 30℃ 左右的气温下，保鲜时间可延长几天。

企鹅的脚不怕冻的原因

处在冰天雪地的南极企鹅

南极的企鹅在冬季长时间踩在冰雪上，它们的脚为什么不会冻坏？

企鹅同其他生活在寒冷地区的鸟类一样，都已经适应了寒冷的气候，能够尽可能少地散失热量，保持自己身体主要部分温度在40℃左右。但是它们的脚却很难保暖，因为脚上既不长羽毛，也没有鲸脂一类脂肪的防护，而且还有相对来说很大的面积（寒带地区的哺乳动物也是如此，比如说北极熊）。但是，企鹅通过两种机制来防止脚被冻坏。一种机制，是通过改变向双脚提供血液的动脉血管的直径来调节脚内的血液流量。当寒冷时，减少脚部的血液流量；当比较温暖时，增加血液流量。其实我们人类也有类似的机制，所以我们的手和脚在我们感到冷时会变得苍白；当觉得暖和时，则变得红润。这样一种调节机制极其复杂，由脑部的下丘脑控制，需要神经系统和各种激素的参与。此外，企鹅在其双脚的上层还有一种"逆流热交换系统"。向脚提供温暖血液的动脉血管又分为许多的小动脉血管，在脚部变冷的血液可以通过与这许多动脉小血管紧挨在一起的数目相同的静脉小血管流回。这样，动脉小血管内温暖血液的热量就传递给了与之紧贴的静脉小血管内的逆流冷血，结果，真正带到脚部的热量其实是很少的。

在冬季，企鹅脚部的温度仅保持在冰点温度以上1℃~2℃，这样就最大限度地减少了热量散失，同时也防止了脚被冻伤。鸭子和鹅的脚也有类似的结构，但是，若把它们圈在温暖的室内饲养，过几个星期再把它们放回冰天

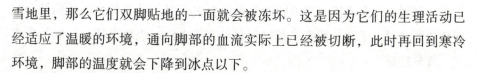

雪地里，那么它们双脚贴地的一面就会被冻坏。这是因为它们的生理活动已经适应了温暖的环境，通向脚部的血流实际上已经被切断，此时再回到寒冷环境，脚部的温度就会下降到冰点以下。

从生物化学的角度来说明企鹅的脚不会被冻伤。

氧与生物体内的血红蛋白结合，通常是一种强烈的放热反应。一个血红蛋白分子吸收和添加氧原子，要释放出大量的热量。在相反的逆反应中，当血红蛋白分子释放出氧原子时，通常会吸收同等数量的热量。然而，氧化反应和脱氧反应发生在生物体的不同部分，也就是说发生两种反应所在的分子环境不同（比如说酸度不同），整个过程的结果，则是热量的散失或增加。

这热量的实际数值，可以因物种的不同相差很大。具体到南极企鹅的情形，在包括脚在内的外围冷组织中，热量值要比人类小得多。这就带来两个好处。首先，在进行脱氧反应时，企鹅的血红蛋白所吸收的热量大为减少，于是，它的双脚就不容易冻坏。第二个好处来自热力学定律。根据热力学定律，任何一种可逆反应，包括血红蛋白的氧化反应和脱氧反应，较低的温度有利于进行放热反应，而不利于反方向进行的吸热反应。因此，在低温下，对于大多数物种，都是吸收氧的反应进行得比较激烈，而不容易进行释放氧的反应。一个物种所具有的热量如果相对来说不高不低正合适，那么这就意味着，在冷组织中血红蛋白对氧的亲和力不会变高到使氧无法从血红蛋白脱离出来。

热量因物种而异还带来一个非常有意思的结果，在某些南极的鱼类中，即使是氧脱离出来，实际上也是在释放热量。金枪鱼就是一个极端例子。在氧从血红蛋白脱离出来时居然会释放出大量的热量，以至于可以使金枪鱼的体温保持在比环境温度高出17℃。原来，并非所有鱼类都是冷血动物！

在动物中也有相反的例子，必须要减少由于代谢过于旺盛释放的热量。那种具有迁徙特性的水鸡（又叫"秧鸡"），它的血红蛋白氧化时释放的热量比温驯的鸽子要高很多。因此，水鸡进行长距离飞行时，当血红蛋白分子释放出氧原子时会吸收大量热量，体温也不会太高。

还有，胎儿也需要以某种方式散失热量。胎儿与外界的唯一联系是母亲向其提供的血液。胎儿血红蛋白氧化时的热量值比母亲血红蛋白的热量值低，结果，氧脱离母亲血液时所吸收的热量就会多于氧与胎儿的血红蛋白结合时所释放的热量。于是，便有热量转移至母亲的血液。也就是说，从胎儿带走了一部分热量。

知识点

血红蛋白

　　血红蛋白是一类红色含铁的能够携带氧的蛋白质。血红蛋白存在于脊椎动物、某些无脊椎动物血液和豆科植物根瘤中。人血红蛋白由两对珠蛋白组成四聚体，每个珠蛋白（亚基）结合1个血红素，其亚铁离子可结合1个氧分子在血液中运输。

延伸阅读

企鹅的至宝——羽毛

　　企鹅全身长满了厚厚的羽毛，羽毛的尖端是弯弯的，像房顶上的瓦片一样一层压一层，连水都透不进去。在里层羽毛下面还生有密密的绒毛，羽毛间存留一层空气，用以绝热。作为一种最古老的游禽，企鹅很可能是在南极洲还未穿上"冰甲"之前，就已经在南极安家落户。南极虽然酷寒难当，但企鹅经过数千万年暴风雪的磨炼，全身的羽毛已变成重叠、密集的鳞片状。这种特殊的羽衣，不但海水难以浸透，就是气温在零下近百摄氏度，也休想攻破它保温的防线。此外，企鹅的羽毛还有一个妙用，那就是在它们站立时，较长的尾部的羽枝可以帮助腿支撑身体。

医学中的生物化学

生物化学和医学的关系最紧密，对医学的影响也最大，如磺胺药物的发现开辟了利用抗代谢物作为化疗药物的新领域；青霉素的发现开创了抗生素化疗药物的新时代，还有生物化学的理论和方法与临床实践的结合，产生了医学的许多领域，如以酶的活性、激素的作用与代谢途径为中心的生化药理学，与器官移植和疫苗研制有关的免疫生化学等。

病毒中的暴君——生化病毒

生化病毒称为"Tyrant"（暴君），简称 T 病毒，是一种新型的 RNA 病毒，是以早期发现的始祖病毒为基础产生的变异体。

　　T 病毒的初期感染症状，就跟一般的小病症没什么差别，只不过是咳嗽、打喷嚏，或是像起疹子般的发痒，由于这就像是人体在过敏或接受刺激时，所产生类似发炎的反应，所以平常根本没有人会去注意这种事，顶多以为自己感冒了，就去药房买感冒药来吃，在患者去买感冒药的同时，病毒早就在宿主尚未发觉的情形下，开始侵害感染者的细胞组织了。

至于第二期的症状，就跟 T 病毒本身的功能有关了。T 病毒最明显的功能就是"加速生物体内的新陈代谢"，换句话说，只要一个生物被 T 病毒所感染，它本身的新陈代谢速度就会迅速地增快，而人类当然也在这个生物范畴之内。一旦人体的新陈代谢以不正常的方式迅速增进，那么在外表上最明显的变化，就是他们的皮肤，全身的皮肤变成白色，不过这个白色并不代表他们的皮肤好，那是在快速新陈代谢之下，已死亡的表皮细胞逐渐堆积所造成的。T 病毒不断地繁殖，也就是说新陈代谢越来越快，所以当皮肤细胞无法承受这么快的新陈代谢速度时，患者的皮肤就会开始发生软化、腐烂的情形，最后当然就是脱落下来。

第三期的症状就显得较为严重了。因为病毒已经开始侵蚀大脑部分的细胞，使患者的智能低下；不只是智能，连大脑里专司理性、感情的部分，也渐渐被腐蚀。此外，因为之前发生过度的新陈代谢，所以本体需要很多能量，来弥补新陈代谢所消耗的大量能源，偏偏能量又只能从外界摄取，这些生物的食欲就大为增强，只要看到、听到、闻到生物的存在，立刻会冲过来追杀被它所盯上的猎物，这就是所谓的"狂暴化"。有个资料叫做"饲养日志"，那个职员原本是很正常的，然而就在感染了 T 病毒之后，写的东西跟举动竟变得一天比一天奇怪，最后甚至还杀了自己的同事，然后将之吃掉。这些病患们吃到后来，为了摄取更多的养分，而本身的生存环境内又不足，只好向外面的广大世界扩张，这是生物学上的基本原则。

延伸阅读

艾滋病病毒

艾滋病病毒又称免疫缺陷病毒，是一类引起获得性免疫缺陷综合征和相关疾病的 RNA 病毒。免疫缺陷病毒主要攻击人体的 T 淋巴细胞系统。该病毒一旦侵入机体细胞，病毒将会和细胞整合在一起终生难以消除。病毒基因变化多样，广泛存在于感染者的血液、精液、阴道分泌物、唾液、尿液、乳汁中，其中以血液、精液、阴道分泌物中浓度最高。感染者潜伏期长、死亡率高。艾滋病病毒的基因组比已知任何一种病毒基因都要复杂。1981 年，该病毒在美国首次发现。

不明原因肺炎

"不明原因肺炎"是继 SARS 流行之后，卫生部为了更好地及时发现和处理 SARS、人禽流感以及其他表现类似、具有一定传染性的肺炎而提出的一个名词。从严格意义上来说，"不明原因肺炎"不是一个严谨的医学概念，但作为筛选 SARS、人禽流感等具有一定特殊临床表现和一定传染性的一类肺炎还是有一定意义的。这对及时发现可疑病例，早期发出预警并采取相应的防控措施及早防范还是很有意义的。

不明原因肺炎病例是指同时具备以下 4 条不能做出明确诊断的肺炎病例：

（1）发热（≥38℃）；

（2）具有肺炎或急性呼吸窘迫综合征的影像学特征；

（3）发病早期白细胞总数降低或正常，或淋巴细胞分类计数减少；

（4）经抗生素规范治疗 3 ~ 5 天，病情无明显改善。

根据具体的流行病学特点和患者的高危因素又可以分为 SARS 预警病例和人禽流感预警病例。

SARS 预警病例：地市级专家组会诊不能排除 SARS 的不明原因肺炎病例；两例或两例以上有可疑流行病学联系的不明原因肺炎病例；重点人群发生不明原因肺炎病例；医疗机构工作人员中出现的不明原因肺炎病例；可能暴露于 SARS 病毒或潜在感染性材料的人员中出现的不明原因肺炎病例（如从事 SARS 科研、检测、试剂和疫苗生产等相关工作的人员）。

符合以下情况之一的不明原因肺炎病例可定为人禽流感预警病例：接触禽类的人员（饲养、贩卖、屠宰、加工禽类的人员；兽医以及捕杀、处理病死禽及进行疫点消毒的人员等）中发生的不明原因肺炎病例；可能暴露于禽流感病毒或潜在感染性材料的人员中出现不明原因肺炎病例；已排除 SARS 的不明原因的肺炎死亡病例。

当然，不明原因肺炎除 SARS 和禽流感外，也可能会包括其他的一些病原引起的肺炎，例如军团菌肺炎、其他病毒引起的肺炎等。

SARS 和禽流感主要通过呼吸道传播。2002 年至 2003 年的 SARS 流行引起了很多病例，主要原因是人与人之间传染性较强，并且主要途径是呼吸道传播的缘故。关于 SARS 病毒的溯源工作，目前虽然开展了一些工作，但其确切的来源尚不清楚。某些野生动物可能是其来源之一。如今，虽然未再发现新的 SARS 病毒感染，但也许某一天，SARS 病毒会卷土重来。因此，仍应保持高度的警惕。

禽流感的传染源主要为患禽流感或携带禽流感病毒的鸡、鸭、鹅和鹌鹑等家禽，因此从事禽类饲养、加工或不恰当食用的人员容易被感染而发病。野禽虽然不容易直接引起人类发病，但可以通过候鸟的长途迁徙进行远距离的传播。禽流感的传播途径主要经呼吸道传播，通过密切接触感染的禽类及其分泌物、排泄物、受病毒污染的水等，目前尚无人与人之间传播的确切证据。

根据卫生部的定义，不明原因肺炎一般病情比较重，常常发生急性呼吸窘迫综合征，因此病死率一般比较高。SARS 的病死率一般在 10% 左右，而人禽流感的病死率在 60% 以上。

SARS 的预防主要是对相应的高危人群进行监测，临床提高警惕，及时发现病例，做到"早诊断、早隔离、早报告和早治疗"。个人要加强防护意识。接触可疑的患者应做好呼吸道防护，例如保持房间通风、戴口罩等。

禽流感的预防目前重在禽类流感的防治。对于可疑的禽类死亡要早报告，做好隔离工作。对家禽应进行免疫。发现疫情要及时隔离，并进行禽类的捕杀。尽量减少与禽类接触，勿食病死鸡。有条件时可以接种禽流感疫苗，目前人禽流感疫苗正在研究中，市场上尚无临床可用的禽流感疫苗。如果必须接触病禽或患禽流感的患者，一定要做好个人防护，保持房间通风、戴好口罩和洗手等。

SARS 和禽流感的治疗一方面可以使用抗病毒药物，另一方面是进行生命支持治疗，帮助患者度过病程的极期，使患者获得康复的机会，另外要加强对症和营养支持治疗。

知识点

SARS

SARS 的中文名是严重急性呼吸综合征，又称传染性非典型肺炎，是一种因感染 SARS 冠状病毒引起的新的呼吸系统传染性疾病。主要通过近距离空气飞沫传播，以发热、头痛、肌肉酸痛、乏力、干咳少痰等为主要临床表现，严重者可出现呼吸窘迫。本病具有较强的传染性，但患者死亡率不高。

延伸阅读

人感染禽流感后的症状表现

禽流感是由禽流感病毒引起的一种急性传染病，也能感染人类，人感染后的症状主要表现为高热、咳嗽、流涕、肌痛等，多数伴有严重的肺炎，严重者心、肾等多种脏器衰竭导致死亡，病死率很高。此病可通过消化道、呼吸道、皮肤损伤和眼结膜等多种途径传播。

按病原体类型的不同，禽流感可分为高致病性、低致病性和非致病性禽流感三大类。非致病性禽流感不会引起明显症状，仅使染病的禽鸟体内产生病毒抗体。低致病性禽流感可使禽类出现轻度呼吸道症状，食量减少，产蛋量下降，出现少量死亡。高致病性禽流感最为严重，发病率和死亡率均高。

禽流感潜伏期从几小时到几天不等，其长短与病毒的致病性、感染病毒的剂量、感染途径和被感染禽的品种有关。

蛋白质合成有误导致分子病

"分子病"是由遗传因素引起的一种疾病。DNA把"上一辈"的遗传密码传给"下一辈"，由RNA"翻译"出来并指导合成蛋白质。每种蛋白质都有自己特定的密码，从而使合成的蛋白质具有严格的氨基酸排列顺序的特定的空间结构，以完成各种生物功能。在遗传过程中，如果DNA把密码传递错了，或者RNA把密码翻译错了，就会合成出与正常情况不同的蛋白质，就是说，蛋白质中氨基酸的排列顺序或者空间结构与正常的不一样，这就造成这种蛋白质的功能出现缺陷，甚至功能完全丧失。这种由遗传因素决定的蛋白质中氨基酸排列与正常不同所引起的病症，叫做分子病。

1910年，在非洲发现了一种贫血病，患者在缺氧的条件下，感到头昏、胸闷，严重的就死亡。科学家经过40年的研究，确认这种病叫"镰刀形红细胞贫血病"，是一种分子病。病因是正常血红蛋白上的两个谷氨酸被两个缬氨酸代替，产生了"有病"的血红蛋白。正常的红细胞是扁圆形的，在血管里负责运送氧和二氧化碳。"有病"的血

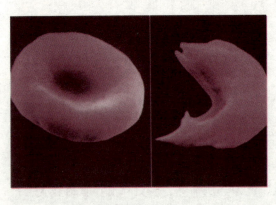

镰刀形红细胞

红蛋白虽然也能完成这项任务，但是，"有病"的血红蛋白在红细胞中的数量增多时，它们会互相吸引，一个接一个地凝聚在一起，形成一条蛋白质链，使原来鼓鼓囊囊的红细胞变成了镰刀形。在缺氧条件下，镰刀形的红细胞容易破裂，使运氧功能遭到破坏，出现贫血症。根本原因是 DNA 上的 CTT 变成 CAT。近年来，随着分子生物学的发展，分子病的研究有了较大进展。已查明结构上的血红蛋白分子病就有 380 多种，除了单个的碱基替换外，还发现了其他类型的 DNA 分子变化。另外，某些放射线、环境污染及地理因素引起的疾病，以及恶性肿瘤致病的原因都与 DNA 分子结构改变有关，其中，癌是常见的一种。通过对分子病的研究，可以对"不治之症"采用预防和治疗措施。

知识点

分子病

分子病是由于基因或 DNA 分子的缺陷，致使细胞内 RNA 及蛋白质合成出现异常，人体结构与功能随之发生变异的疾病。如果 DNA 分子的碱基种类或顺序发生变化，那么由它所编码的蛋白质分子的结构也就发生相应的变化，蛋白质分子的结构发生变化就会导致蛋白质分子异常，而严重的蛋白质分子异常即可导致分子病的发生。镰刀形红细胞贫血病就是一种分子病。

延伸阅读

地中海贫血症

地中海贫血也是一类典型的分子病，该病患者缺少正常的血红素，红细胞携氧功能差。根据血红蛋白中不同位置的损害，地中海贫血可分成两类：

α 地中海贫血与 β 地中海贫血。α 地中海贫血是血红蛋白中的 α 血红蛋白链有缺损，β 地中海贫血则是血红蛋白中的 β 血红蛋白链有缺损。地中海贫血症有隐性、轻度和重度之分。重度患者通常不能存活。两个隐性或轻度患者结婚，他们的下一代则有 1/4 机会患有重度地中海贫血症。相反地，两者中只有一位是存有地中海贫血症基因的话，不论程度如何，则下一代没有此问题或只带有隐性。

由于地中海型贫血的患者缺少正常的血红素，红细胞携氧功能差，体内主要造血器官骨髓与次要造血器官肝脏、脾脏均会进行旺盛的造血作用，但造出的红细胞质量不佳，容易被破坏。同时，旺盛的造血作用会消耗极多的养分与能量，使身体其他部位的养分供需失调。不断的输血可以改善贫血的症状，也可避免过度的造血作用，但血红素中的铁质会过度存在身体中，并堆积至各重要器官造成器官病变。地中海贫血患者因血红素带氧量不足而影响患者在体力上的差异，因此，该病患者不适宜进行激烈的运动，还需要注射除铁剂去除体内多余的铁质。另外亦因为血红素不足的关系，患者比较容易有头晕、头痛甚至腰痛等症状。

生物制品的神奇效用与发展状况

用基因工程、细胞工程、发酵工程等生物学技术制成的免疫制剂或有生物活性的制剂可用于疾病的预防、诊断和治疗。

生物制品不同于一般医用药品，它是通过刺激机体免疫系统产生免疫物质（如抗体）才发挥其功效，在人体内出现体液免疫、细胞免疫或细胞介导免疫。通过基因工程技术改造的大肠杆菌可产生某种病毒的抗原，酵母菌可经过基因重组而产生乙型肝炎表面抗原，重组痘苗病毒也可产生乙型肝炎表面抗原。细胞工程杂交瘤技术问世，杂交瘤细胞可以分泌抗体，所以抗体不一定要免疫动物的血清等。这样就打破了生物制品的传统概念，而是菌苗不一定要用细菌，疫苗不一定要用病毒，血清的产品不一定要用血液。

生物制品分人用生物制品和兽用生物制品，这里只介绍人用生物制品。

SHENGWUHUAXUE QIYUJI

　　我国生物制品事业基本可满足控制传染病流行的需要，但仍落后于某些发达国家。在 10 世纪时，我国发明了种痘术，用人痘接种法预防天花，这是人工自动免疫预防传染病的创始。种痘不仅减轻了病情，还减少了死亡。17世纪时，俄国人来中国学习种痘，随后传到土耳其、英国、日本、朝鲜、东南亚各国，后又传入美洲、非洲。1796 年英国人 E·詹纳发明接种牛痘苗方法预防天花，他用弱毒病毒（牛痘）给人接种，预防强毒病毒（天花）感染，使人不得天花。此法安全有效，很快推广到世界各地。牛痘苗可算作第一种安全有效的生物制品。

　　微生物学和化学的发展促进了生物制品的研究与制作。19 世纪中期，"免疫"概念已基本形成。1885 年法国人路易·巴斯德发明狂犬病疫苗，用人工方法减弱病毒的致病毒力，做成疫苗，被狂犬咬伤的人及时注射疫苗后，可避免发生狂犬病。巴斯德用同样的方法制成鸡霍乱活疫苗、炭疽活疫苗，将过去以毒攻毒的办法改为以弱制强。D·E·沙门、H·O·史密斯等人研究加热灭活疫苗，先后研制成功伤寒、霍乱等灭活疫苗。19 世纪末日本人北里柴三郎和德国人

微生物学家巴斯德

贝林用化学法处理白喉和破伤风毒素，使其在处理后失去了致病力，接种动物患病愈后的血清中和相应的毒素，这种血清称为抗毒素，这种脱毒的毒素称为类毒素。R·科赫制成结核菌素，用来检查人体是否有结核菌感染。抗原—抗体反应概念的出现，有助于临床诊断。这些为微生物和免疫学发展奠定了基础，继续发展出各种生物制品，在预防疾病方面越发显得重要，是控制和消灭传染病不可缺少的手段之一。

　　我国的生物制品事业始于 20 世纪初。1919 年成立了中央防疫处，这是我国第一所生物制品研究所，规模很小，只有牛痘苗和狂犬病疫苗，几种死菌疫苗、类毒素和血清都是粗制品。中华人民共和国成立后，先后在北京、上海、武汉、成都、长春和兰州成立了生物制品研究所，建立了中央（现为

中国）生物制品检定所，它执行国家对生物制品质量控制、监督，发放菌毒种和标准品。后来，在昆明设立中国医学科学院医学生物学研究所，生产研究脊髓灰质炎疫苗。生物制品现已有庞大的生产研究队伍，成为免疫学应用研究和计划免疫科学技术指导中心。汤飞凡1957年发现沙眼病原体，他对中国生物制品事业作出很大贡献。

天花病毒患者

在控制和消灭传染病方面，接种预防生物制品效果显著，在公共卫生措施方面收益最佳，这不仅是一个国家或地区，而且是世界性的措施。世界卫生组织（WHO）1966年发表宣言，提出10年内全球消灭天花，1980年正式宣布天花在地球上被消灭。1978年WHO又作出扩大免疫规划（EPI），目的是对全球儿童实施免疫。EPI是用4种疫苗预防6种疾病，即卡介苗预防结核病；麻疹活疫苗预防麻疹；脊髓灰质炎疫苗预防脊髓灰质炎；百白破三联预防百日咳、白喉和破伤风。有计划地从儿童开始，使世界儿童都得到免疫。1981年，中国响应WHO的号召，实行计划免疫，按要求用国产4种疫苗预防6种疾病。1988年以省为单位达到了85%的疫苗接种覆盖率。1990年以县为单位，儿童达到85%的接种覆盖率。诊断制剂品种的增多和方法的改进，促进了试验诊断水平的提高，现已应用到血清流行病学以及疾病的监测。我国生产血液制剂已有30多年的历史，品种在逐年增加。

随着微生物学、免疫学和分子生物及其他学科的发展，生物制品已改变了传统概念。对微生物结构、生长繁殖、传染基因等，也从分子水平去分析，现已能识别蛋白质中的抗原决定簇，并可分离提取，进而可人工合成多肽疫苗。对微生物的遗传基因已有了进一步认识，可以用人工方法进行基因重组，将所需抗原基因重组到无害而易于培养的微生物中，改造其遗传特征，在培养过程中产生所需的抗原，这就是所谓基因工程，由此可研制一些新的疫苗。20世纪70年代后期，杂交瘤技术兴起，用传代的瘤细胞与可以产生抗体的脾细胞杂交，可以得到一种既可传代又可分泌抗体的杂交瘤细胞，所产生的抗体称为单克隆抗体，这一技术属于细胞工程。这些单克隆抗体可广泛应用于诊断试剂，有的也可用于治疗。科学的突飞猛进，使生物制品不再单纯限于预防、治疗和诊断传染病，而扩展到非传染病领域，如心血管疾病、肿瘤等，甚至突破了免疫制品的范畴。我国生物制品界首先提出生物制品学的概念，而有的国家则称之为疫苗学。

知识点

菌 苗

菌苗是由病原菌制成的生物制品。给人和动物接种后，可增强免疫力，从而预防相应的传染病。

菌苗分为死菌苗和活菌苗两种。死菌苗一般选用免疫性能好的菌种，在适宜的培养基上培养以后将其灭活，用其制成预防疾病的药针，如霍乱菌苗、百日咳菌苗等。用这些菌苗给人体注射，可在短时间内刺激人体产生对霍乱弧菌、百日咳杆菌等的免疫能力。但这种菌苗的免疫力不强，需重复多次注射才能获得较强较持久的免疫力。活菌苗是选用经过特殊处理而无毒性或毒性很低的，但仍有很强免疫性能的活细菌，制成预防针剂，如结核活菌苗（卡介苗）等给人注射。它对身体的刺激时间和维持免疫时间比死菌苗长，注射次数不需要那么多。

延伸阅读

发酵工程

　　发酵工程是指采用现代工程技术手段，利用微生物的某些特定功能，为人类生产有用的产品，或直接把微生物应用于工业生产过程的一种新技术。发酵工程的内容包括菌种的选育、培养基的配制、灭菌、发酵过程和产品的分离提纯等方面。利用酵母菌发酵制造啤酒、果酒、工业酒精，乳酸菌发酵制造奶酪和酸牛奶，利用真菌大规模生产青霉素等都属于发酵工程技术产物。随着相关科学技术的进步，发酵工程技术也有了很大的发展，并且已经进入能够人为控制和改造微生物，使这些微生物为人类生产产品的现代发酵工程阶段。现代发酵工程是现代生物技术的一个重要组成部分，具有广阔的应用前景。

抗生素青霉素的问世与功效

亚历山大·弗莱明

　　青霉素的发明者亚历山大·弗莱明于 1881 年出生在苏格兰的洛克菲尔德。弗莱明从伦敦圣马利亚医院医科学校毕业后，从事免疫学研究，后来在第一次世界大战中作为一名军医，研究伤口感染。他注意到许多防腐剂对人体细胞的伤害甚于对细菌的伤害，他认识到需要某种有害于细菌而无害于人体细胞的物质。

　　战后弗莱明返回圣马利亚医

院。1922 年他在做实验时，发现了一种他称之为溶菌霉的物质。溶菌霉产生在体内，是黏液和眼泪的一种成分，对人体细胞无害。它能够消灭某些细菌，但不幸的是在那些对人类特别有害的细菌面前却无能为力。因此这项发现虽然独特，却不十分重要。

1928 年弗莱明做出了他的伟大发现。在他的实验室里，有一个葡萄球菌培养基暴露在空气之中，受到了一种霉的污染。弗莱明注意到恰好在培养基中霉周围区域里的细菌消失了，他正确地断定这种霉在生产某种对葡萄球菌有害的物质。不久他就证明了这种物质能抑制许多其他有害细菌的生长。这种物质——他根据其生产者霉的名称（青霉菌）将其命名为青霉素——对人或动物都无毒作用。

弗莱明的结果发表于 1929 年，但是起初并未引起高度的重视。弗莱明指出青霉素将会有重要的用途，但是他自己无法发明一种提纯青霉素的技术，致使这种灵丹妙药十几年一直未得以使用。

终于在 20 世纪 30 年代末期，两位英国医学研究人员霍德华·瓦尔特·弗洛里和厄恩斯特·鲍里斯·钱恩偶然读到了弗莱明的文章。他俩重复了他的工作，证实了他的结果。然后他俩提纯青霉素，给实验室动物加以试用；1941 年给病人试用。他俩的试验清楚地表明了这种新药具有惊人的效力。

在英美政府的鼓励下，一些医药公司进入了这个领域，很快就找到了大规模生产青霉素的方法。起初，青霉素只是留给战争伤员使用，但是到 1944 年，英美公民在医疗中也能够使用了。1945 年战争结束时，青霉素的使用已遍及全世界。

青霉素的发现对寻找其他抗生素是一个巨大的促进，这项研究导致发明出了许多其他"神奇的药物"，但是青霉素却是用途最广的抗生素。

青霉素不断保持领先地位的一个原因在于它对许多有害微生物都有效。该药能有效地治疗梅毒、淋病、猩红热、白喉以及某些类型的关节炎、支气管炎、脑膜炎、血液中毒、骨骼感染、肺炎、坏疽和许多其他种疾病。

青霉素的另一个优点是使用的安全范围大。50 万单位青霉素的剂量对某些感染是有效的，但每日注射 100 万单位青霉素也没有不良反应。虽然有少数人对青霉素过敏，但是对大多数人来说该药为既有效又安全的理想药物。

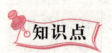
知识点

培养基

培养基是供微生物、植物和动物组织生长和维持用的人工配制的养料，一般都含有碳水化合物、含氮物质、无机盐（包括微量元素）以及维生素和水等。有的培养基还含有抗生素、色素、激素和血清，用于单种微生物培养和鉴定。

延伸阅读

婴儿易发生青霉素脑病

青霉素脑病是青霉素的一种少见中枢神经系统毒性反应。青霉素在用量过大，静滴速度过快时，大量药物迅速进入脑组织，即血及脑脊液中药物的浓度升高，干扰正常的神经功能致严重的中枢神经系统反应，如反射亢进、知觉障碍、幻觉、抽搐、昏睡等，这就是"青霉素脑病"。青霉素进入机体后90%由肾脏排出，婴儿肾功能差，相对排泄能力弱，如摄入体内的青霉素相对较多，排泄不畅，血中浓度增高，毒性增加，导致大脑兴奋性增高，发生惊厥，即发生青霉素脑病。

DNA 指纹鉴定技术

DNA 指纹同人的指纹一样，是每个人所特有的。指纹划在某些地方是可以抹去的，但 DNA 指纹却无法抹去或改变，科学家们只需要一滴血或一根头发，就可以对其 DNA 指纹进行鉴定。

　　通过分子化学的方式将生物的遗传物质 DNA 形成图谱，就是该生物的 DNA 指纹。一根毛发、几个皮肤细胞等小样品，甚至是鼻黏膜、唾液等，都可以用来进行 DNA 指纹分析和鉴定。人类染色体中，贮存遗传信息的 DNA 分子由 A、G、C、T 这 4 种碱基排列而成，而且有上亿种的组合方式。如果随机检查两个人的 DNA 指纹图谱，除了双胞胎以外，其完全相同的概率仅为三千亿分之一。这与全世界 50 亿人口相比，准确率接近 100%。

　　目前，DNA 指纹图谱已经逐渐取代了传统的指纹、齿痕等鉴定方法，成为身份鉴定的首要工具。而 DNA 指纹技术，是核酸指纹技术的一种；RNA 指纹技术（研究不同基因的表达）与 DNA 指纹技术一起，统称为核酸指纹技术。

　　DNA 指纹技术主要用于研究 DNA 序列的多态性，它的指纹技术有两方面：一方面用总基因的分离来确定在群体中是否或多大范围存在 DNA 序列多态性；另一方面是从已分离的总基因组中再分离特殊部分，包括线粒体（或质粒）的分离、染色体分离和基因分离（或基因片段）的分离。

　　DNA 指纹技术开辟了生物物证检验的新领域，在法医 DNA 分析领域内的非同位素标记探针、DNA 扩增、人类串联重复寡核苷酸探针等方面取得的成果，提高了法医 DNA 分析水平。DNA 指纹技术自投入实际应用以来，为一大批重大疑难案件的侦破提供了科学支持。该技术解决了微量血液、血斑及毛干、指甲等特殊生物物证检材的法医 DNA 检验难题，最少检测量达到相当于 0.02 微升血液、0.1 厘米毛干，0.1 立方毫米指甲。其短串联重复序列（STRS）复合扩增及扩增片段长度多态性研究的实验方法可用于极微量检材及腐败检材。

　　而随着模式识别、图像处理和信息传感等技术的不断发展，生物识别显示出广阔的应用前景，DNA 识别技术是最有说服力的身份鉴定证据。

　　第二次海湾战争中，伊拉克总统萨达姆及其子女的生死问题就是一大悬念。自从"逊尼派三角地带"被怀疑为萨达姆的藏身之地后，美军就在这个地区先后展开了"常春藤旋风 1 号"、"常春藤旋风 2 号"等一系列搜捕行动。后来，在"红色黎明行动"中终于逮住了萨达姆。美军将萨达姆转移到一处安全的地点，随后便采取了 DNA 指纹鉴定方式，确定萨达姆的身份。

萨达姆的身份鉴定的基本原理是将被捕者本人的 DNA 样本与萨达姆的两个儿子乌代和库赛的 Y 染色体上的"短串联重复序列"相比较，因为 Y 染色体是直接从父亲遗传到儿子身上的一种固定遗传信息。首先，美军从萨达姆口腔中取得细胞涂片，接着又用聚合酶链反应（PCR）的技术将 DNA 样本放大。最后，利用放大的 DNA 数据分析被捕者的基因图谱。DNA 专家测试后证明，被捕者就是萨达姆本人。

　　萨达姆身份鉴定中，所提取的聚合酶链反应是一种可以无限扩增某段 DNA 的简单方法。DNA 是由 4 种碱基按互补配对原则组成的螺旋双链。在细胞内，DNA 复制时，解螺旋酶首先解开双链，使之变成单链作为模板，然后另一种酶——RNA 聚合酶，再合成一小段引物结合到 DNA 模板上，最后 DNA 合成酶以这段引物为起点，合成与 DNA 模板配对的新链。

　　PCR 即是在体外模拟 DNA 复制的过程，用加热的办法让所研究的 DNA 片段变性变成 2 条单链，人工合成 2 个引物让它们结合到 DNA 模板的两端，DNA 聚合酶即可以大量复制该模板。0.1 微升的唾液痕迹所含的 DNA，通过 PCR 扩增就可获得足够量的 DNA 进行测试。利用 PCR 技术，科学家们已从林肯的头发和血液、埃及的木乃伊、琥珀中 8 000 万年前的昆虫、恐龙的骨头等不寻常的样品中，提取到了足够的 DNA。

　　DNA 指纹鉴别技术有着广阔的发展空间，科学家将来甚至可以从 DNA 指纹中判断出一个人头发、眼睛的颜色，以及其相貌特征等。而且，该技术将在器官移植、输血、耐药基因的认定和干细胞移植等方面，发挥出重大的作用。一些发达国家也将颁布 DNA 身份证，记录身份证持有者所有的遗传信息。到那时，DNA 指纹鉴别就真正进入寻常百姓家了。

　　我们相信，DNA 指纹鉴别技术的黄金时代很快就会到来。在更大的意义上来说，这个黄金时代将会给人类带来更多的福音——彻底破解生命的奥秘，弄清人类的来历，澄清各种疾病的病因，实现医学研究从对症下药到根本预防的转移。

知识点

干细胞

　　干细胞是一类具有自我复制能力的多潜能细胞，在一定条件下，它可以分化成多种功能细胞。根据干细胞所处的发育阶段分为胚胎干细胞和成体干细胞。根据干细胞的发育潜能分为 3 类：全能干细胞、多能干细胞和单能干细胞。干细胞是一种未充分分化，尚不成熟的细胞，具有再生各种组织器官和人体的潜在功能，因此被称为"万用细胞"。

延伸阅读

DNA 亲子鉴定

　　鉴定亲子关系，目前使用最多的就是 DNA 分型鉴定。一个人有 23 对（46 条）染色体，同一对染色体在同一位置上的一对基因称为等位基因，一般一个来自父亲，一个来自母亲。如果检测到某个 DNA 位点的等位基因，一个与母亲相同，另一个就应与父亲相同，否则就存在疑问了。

　　在进行 DNA 亲子鉴定时，只要取十几至几十个 DNA 位点做检测，如果全部一样，那么即可确定亲子关系；如果有 3 个以上的位点不同，则可排除亲子关系；有 1~2 个位点不同，则应考虑基因突变的可能，此时需加做一些位点的检测进行辨别。DNA 亲子鉴定否定亲子关系的准确率几近 100%，而肯定亲子关系的准确率可达到 99.99%。

　　DNA 亲子鉴定测试与传统的血液测试有很大差异，它可以在不同的样本上进行测试，包括血液、腮腔细胞、组织细胞样本和精液样本。由于血液型号，如 A 型、B 型、O 型或 RH 型，在人群中的运用都比较普遍，可用以分辨每个人的血缘关系，但不如 DNA 亲子鉴定测试有效。因为除了真正的双胞胎外，每人的DNA都是独一无二的。也因为它这样独特，如同指纹一样，因此用于亲子鉴定时是最为有效的方法。

近亲婚配易患遗传病

　　大多数人都明白这样一个道理：近亲不宜婚配，然而具体的原因许多人并不知晓。其实，只要懂得一些遗传学的知识，这个问题是不难找到答案的。先让我们来了解一下两个基本概念：显性遗传和隐性遗传。凡是显性基因控制的性状或疾病，其传递方式叫显性遗传。由显性基因控制的性状，在后代中要表现出来。凡是隐性基因控制的性状或疾病，称为隐性遗传。只有当隐性基因纯合时，它所控制的性状才能表现出来。对于这个原理人和动植物是完全相同的。孟德尔遗传定律不仅适用于动植物，而且在人类正常性状或遗传病的传递中也同样适用。

　　人类有一种叫做"白化病"的疾病，由于缺乏色素，头发和汗毛都是白的，皮肤也是白的，眼珠呈淡红色。这种性状在遗传上是隐性。如果父母双方都没有白化病，而在子女中却出现了白化病，那么父母双方就一定都是白化病基因的杂合体。人类中还有一种"白痴"病患者。这些人从小智力就特别差，被称为"白痴"，也是一种隐性遗传病，其遗传规律和白化病完全相同。

　　人类中像白化病和白痴这样的遗传病种类还很多，遗传规律和这两种疾病相同：由于某一隐性基因成为纯合体，使这不良的隐性基因的作用得以表现。但是对某一个隐性基因来说，在人类中的数目毕竟不是太多，因此，必须父母两人都是这个基因的杂合体，才有可能

白化病患者

让它在子代中表现出来。

明白了显性遗传和隐性遗传的原理后，让我们再来看看近亲为什么不宜婚配。

事实上，在古代人们从无数事实中得出结论，血缘关系很近的男女结婚，生育力往往较低，或者后代死亡率较高，或者后代中常常出现畸形或遗传疾病。所以，我国春秋战国时代的典籍中就有"男女同姓，其生不蕃"的说法。在西方，罗马皇帝狄奥西多一世就曾严令禁止近亲结婚，违者判罪，甚至处死。犹太人的宗教法律中禁止 43 种亲戚结婚。由此可见，古人虽然不懂得遗传学规律，但是他们从多年的生活实践中确认了"近亲不宜婚配"这个事实。

从现代遗传学角度来讲，更容易说明近亲不宜婚配的道理。血缘比较接近的男女，例如表（堂）兄妹，比无亲戚关系的人更容易携带相同的基因，因为他们是从一个共同祖先那里接受到它的。如果一个男人（或女人）是某一不良基因的杂合体，这个不良基因可能传给他的（或她的）儿子或女儿。如果儿子又传给孙子、孙女，女儿又传给外孙、外孙女，然后表兄妹结婚，那么在他们的后代中，就有可能使隐性基因纯合而表现出相应的隐性性状。从理论上讲，表兄妹或堂兄妹携带相同基因的概率是 1/8，而无亲戚关系的两个人，携带相同基因的概率要比 1/8 小得多。近亲结婚，倾向于把存在于杂合体的隐性基因变成纯合的，因而使它们所控制的隐性性状变成公开的。

现代遗传学表明，近亲结婚的后果十分严重。近亲结婚容易造成下一代白化病、白痴、隐性聋哑、先天性全色盲等遗传性疾病。大量研究资料表明，近亲结婚其子代遗传病的发病率比非近亲结婚子代的发病率高十几倍甚至几十倍。这是因为，在正常人之中，每个人都有可能携带五六种隐性遗传疾

生物学家达尔文

病基因，如果夫妻双方携带有相同的隐性遗传基因，那么，他们的后代有1/4的可能性发病。

我们知道，一代伟人达尔文由于创立了进化论而闻名于世，事业上可谓是成就显赫，然而他的家庭却并不幸福。他的妻子埃玛是他舅父的女儿。达尔文夫妇有 3 个孩子早年夭折；另外两儿一女婚后都无子女；二儿子乔治、三儿子弗朗西斯、五儿子霍勒斯，虽然都成为著名的科学家，但是他们和他们的姐妹伊丽沙白，都患有程度不同的精神病。江苏省东台县计划生育办公室曾在 54 万人中进行了调查，近亲婚配共有 3 355 对，所生育的 5 227 个子女中，智力低下者有 980 人，占 18.8%，而随机婚配的子女中，智力受到影响的仅占 0.13%。前者的患病率是后者的 144.6 倍。根据国际卫生组织的统计，近亲结婚的后代中有 8.1% 患有遗传疾病。

基诺族小孩

另外，近亲结婚所生子女早死率高。据有人对聚居在云南西双版纳傣族自治州景洪县基诺族的调查显示，由于这里直到新中国成立初期仍沿用族内婚配的婚姻制度，人口一直不蕃。如巴果塞，直至 20 世纪 50 年代，仍是一个血缘村寨，他们除兄弟姊妹以外都可以通婚，因此所生子女大多早早夭亡。又据美国一份调查报告显示：堂表兄妹结婚的子女早死率达到 22.4%。

近亲结婚，所生后代往往个子矮小。近年来，在南美洲的哥伦比亚和委内瑞拉交界处的森林里，发现了身材矮小的"尤卡斯"部落。由于他们有史以来实行近亲婚配，结果人种矮小，都不到 1 米，有的仅 0.6～0.8 米。我国西双版纳景洪县的基诺族人的身材也比较矮小，男子身高约在 1.56 米，女子约为 1.46 米。

无论是遗传定律还是严峻的事实都有力地说明近亲是不宜婚配的。

色 盲

色盲是一种先天性色觉障碍疾病。色觉障碍有多种类型，最常见的是红绿色盲。根据三原色学说，可见光谱内任何颜色都可由红、绿、蓝三色组成。如能辨认三原色都为正常人，3 种原色均不能辨认都称全色盲。辨认任何一种颜色的能力降低者称色弱，主要有红色弱和绿色弱，还有蓝黄色弱。如有一种原色不能辨认都称二色视，主要为红色盲与绿色盲。

遗传病的显现

遗传病是指由于受精卵形成前或形成过程中遗传物质的改变造成的病。有的遗传病在出生时就表现出来，也有的出生时表现正常，而在出生数日、数月，甚至数年、数十年才逐渐表现出来。

有些遗传病需要遗传因素与环境因素共同作用才能发病，如哮喘病，遗传因素占80%，环境因素占20%；胃及十二指肠溃疡，遗传因素占30%～40%，环境因素占60%～70%。遗传病常在一个家族中有多人发病，为家族性的，但也有可能一个家系中仅有一个病人，为散发性的，如苯丙酮尿症，因其致病基因频率低，又是常染色体隐性遗传病，只有夫妇双方均带有一个导致该疾病的基因时，子女才会成为这种隐性致病基因的纯合子（同一基因座位上的两个基因都不正常）而得病，因此多为散发，特别在只有一个子女的家庭，偶有散发出现的遗传病患者，就不足为奇了。

遗传病的基因疗法

　　人们一般认为，遗传病就像接力棒一样，代代血脉相传；其实，像心脑血管疾病、癌症、糖尿病等常见的慢性病并非必然遗传，但一顶"家族病史"的帽子还是成为很多人心头挥之不去的阴云。这些常见的疾病到底遗传吗？有家族病史的人该怎么办？

　　染色体病是由染色体异常造成。比较常见的染色体病有先天愚型、先天性睾丸或卵巢发育不全综合征等。

　　大家知道的那些能够代代相传的遗传病，大都属于单基因遗传病。19世纪出现于英国王室并通过联姻波及欧洲各王室的血友病，可算是历史上最著名的单基因遗传造成的家族性遗传病例。除此以外，比较常见的单基因遗传病有白化病、高度远视、高度近视、红绿色盲、夜盲症和过敏性鼻炎等。现代医学对单基因遗传病了解得最为清楚，单基因遗传病就是只有一个基因发生突变造成的疾病，可以明确知晓其遗传方式或遗传规律，比如传男不传女或者隔代遗传等。因此许多单基因遗传病在生育阶段就可以控制，比如孕前、孕期遗传病检查和新生儿筛查等，能有效地防止有严重遗传疾病的胎儿诞生。

　　相对于单基因遗传病，多基因遗传病则更为常见，患病人群也更为广泛，例如，先天性心脏病、糖尿病、哮喘、精神分裂症、癌症、肺结核、重症肌无力、痛风、中低度近视、牛皮癣、类风湿性关节炎等都属于此类。多基因遗传病不仅受多对基因的控制，还受环境因素影响。目前医学对其相互作用方式还并不明了。不同于单基因遗传疾病，多基因疾病的发生只是具有一定的遗传基础，所以常出现家族倾向，但患者亲属的发病率没有规律可循，也不必然发病。

　　对多基因遗传病而言，遗传因素与环境因素在疾病的发生中各起多大作用呢？遗传学家们提出了"遗传度"这个概念，指遗传因素在疾病发生中所起作用的程度。如果一种病的遗传度是80%，那么环境因素的作用就是

20%。遗传因素所起的作用愈大，遗传度愈高，而环境因素作用愈小；反之遗传因素作用愈小，遗传度愈低，而环境因素作用就愈大。

遗传因素决定了一个人比其他人更有可能得病，风险更高，所以不管是心脑血管疾病还是糖尿病等，有家族病史的人便被列入高危人群。亲属再发风险的高低与许多因素有关，第一，与疾病发生的主要原因是遗传还是环境有关，如果是遗传，则再发风险高；第二，与疾病的严重程度（如畸形程度）有关，越严重则再发风险越高；第三，与患者亲缘关系越近，再发风险越高，直系亲属的再发风险明显高于旁系；第四，家族中患者人数越多，再发风险越高。

比如冠心病的遗传因素包括男性、家族史、高脂血症、高血压、糖尿病、肥胖症等，后天环境因素如吸烟、不活动、精神紧张等。高血压病的遗传度约为30%～60%，但环境因素如精神紧张、高盐食物等也是众所周知的致病原因。原癌基因存在于正常细胞中，如果受到射线、化学因素、生物因素的诱导，就像打开了潘多拉的盒子，有可能转化为有活力的癌基因。

除了致病的后天环境因素可以自我控制外，现代医学也正在借助基因治疗这种武器，拿基因来治基因，从根上治疗疾病。当然基因治疗首先取决于对基因功能及其与疾病关系的了解。目前许多科学家都在寻找各种疾病的致病基因，约1 000多种引起人类各种疾病的基因已得到确认。对于多基因遗传病也同样屡传捷报，比如研究人员已经找到60多种原癌基因；第一个引起冠心病和心肌梗死的致病基因也已经被发现。

基因治疗目前已经逐步从实验室走向临床应用。基因治疗是利用分子生物学中基因重组以及转殖的技术，将患者的致病基因加以修补或置换，使其恢复正常功能，或者在已丧失功能的基因外，输入额外的正常基因，使病人得以恢复健康。它不是向患者提供药物，而是通过改变患者细胞的遗传结构来纠正错误，血友病等已经能进行基因治疗。

知识点

血友病

血友病是一组遗传性凝血因子缺乏引起的出血性疾病。典型血友病患者常自幼年发病、自发或轻度外伤后出现凝血功能障碍，出血不能自发停止，从而在外伤、手术时常出血不止，严重者在较剧烈活动后也可自发性出血。血友病是女性携带导致下一代男性发病，可以进行妊娠后的产前诊断，从而提前预防治疗。

延伸阅读

遗传病的手术矫治法

遗传病的手术矫治是指采用手术切除某些器官或对某些具有形态缺陷的器官进行手术修补的方法。如球形红细胞增多症，由于遗传缺陷使患者的红细胞膜渗透脆性明显增高，红细胞呈球形，这种红细胞在通过脾脏的脾窦时极易被破坏而引起溶血性贫血。治疗方法可以实施脾切除术，脾切除后虽然不能改变红细胞的异常形态，但却可以延长红细胞的寿命，获得治疗效果。对于多指、兔唇及外生殖器畸形等，可通过手术矫治。还有，狐臭也是一种遗传病，但只要将患者腋下分泌过旺的腺体剜掉，即可消除病患。

细胞工程的延伸——胚胎工程

胚胎工程主要是对哺乳动物的胚胎进行某种人为的工程技术操作，然后让它继续发育，获得人们所需要的成体动物的新技术。实际上是动物细胞工程的拓展与延伸。早在1891年，英国剑桥大学的赫普就在兔子身上首次成功地进行了受精卵的移植实验。到20世纪30年代，这项技术已在畜牧业上获得了越来越明显的效益。进入20世纪70年代，出现了专门从事受精卵移植的企业。高等动物的受精卵移植又叫"家畜胚胎移植"。它是将优良种畜的早期胚胎从供体母畜体中取出来，移到受体母畜输卵管或子宫中，"借腹怀胎"繁殖优良牲畜的技术。胚胎工程在此基础上发展起来。发育工程采用的新技术包括：

（1）胚胎冷冻技术。为便于长途运输和随时供移植使用，将那些6~7日龄已有20~30个细胞的新鲜活胚胎（或分割后的半胚胎、1/4胎）在-196℃的超低温下冷冻贮存。这是在冷冻精子的技术基础上进一步发展起来的一项新技术。目前用冷冻胚胎移植的成功率约为鲜胚胎的70%~80%。

（2）胚胎分割技术。为成倍甚至成数倍地提高优良胚胎移植后所得到的成体数，用显微外科的手术方法将一个胚胎分割为2个或多个，制造同卵多仔。国内外科学家们已在鼠、兔、牛、羊、猪的胚胎分割上取得了成功。

（3）胚胎融合技术。就是将两个除去表层的透明带的不同品种或不同种的胚胎粘合在一起，或将两个裸胚各切一半，分别合成两个新的嵌合体胚胎。然后将新合成的胚胎移植到受体母畜体内让其继续发育形成一种嵌合体的新后代。

（4）卵核移植技术。将一个早期胚胎的卵裂球分离成几十个具有相同的遗传基因的卵细胞，然后把这些卵细胞核分别注入到受体母畜的去了核的受精卵中，获得从同一个优良品种卵繁殖出来的性状相同的许多仔畜。这是细胞核移植技术的　种，但它与前面讲到的植物细胞核质移植不尽相同。

（5）体外受精技术。用采集的供体家畜的精子与卵子在试管中进行受精，并培育成胚胎，再移植到受体母畜体内进行继续发育，生产出叫做"试管仔畜"的技术。这项技术在人医上发展很快。目前，国内外已有"试管婴儿"上万例。而在动物繁育上成功的还不太多。据各国报道，现有试管牛、

羊、猪、兔、鼠共计还不到400头（只）。

（6）胚胎性别鉴定技术。就是在不影响移植发育的前提下，将供移植胚胎上的细胞，取下少许，用电泳法、HY抗法法、DNA探针法以及离心分离法等先进技术进行性别鉴定，以便按需要控制繁育新仔畜的性别。

（7）基因导入技术。就是将外源基因注入性细胞或胚胎，以改进家畜基因组型，培育具有新的性状的仔畜。1982年美国4个实验室把大鼠的生长激素基因，注射到小鼠的受精卵内，培育出的转基因小鼠生长加快，体重相当于原种小鼠的2倍，被叫做"超级小鼠"。它所具有的新性状，还可以遗传给后代。1983年英国剑桥大学的科研人员首先将山羊和绵羊杂交成功，这种山绵羊，头上长有山羊角，身体长得又如绵羊，但这种山绵羊和骡子一样，不能繁衍后代。各国的科学家们寄希望用这项技术培育出"超级家畜"或某些"微型动物"以适应人们各种不同的需要。

电泳法

电泳法是利用溶液中带有不同量的电荷的阳离子或阴离子，在外加电场中以不同的迁移速度向电极移动，而达到分离目的的分析方法。

胚胎学

胚胎学即研究胚胎发生规律的一门学科，包括胚胎发生的原理、形态变化和影响胚胎发育的因素。在古希腊，人们认为身体的各部分都能产生微量精液，这些精液凝集在一起就会产生下一代，分散时就变成下一代身体的各部分。17世纪发明了显微镜以后，才能用极简单的显微镜观察胚胎的形成。

到了 19 世纪，德国科学家贝尔确立了"胚层学说"，提出了著名的贝尔法则，从而奠定了近代胚胎学的基础。

随着科学的发展和其他学科向胚胎学的渗透，胚胎学的研究范围不断扩大和深入，从 19 世纪的单纯叙述性胚胎学、比较胚胎学发展到实验胚胎学、化学胚胎学和分子胚胎学。现在认为，从胚胎前期配子（生殖细胞，或称性细胞）的发生和形成，到胚胎期的各个阶段，以至整个个体发生过程中的形态、生理和生物化学变化，都是胚胎学的研究范围。

工农业中的生物化学

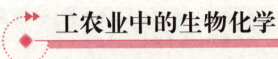

　　生物化学对工农业的影响也是很大的，拿农业为例，农业中涉及到很多生化问题，如防治植物病虫害使用的各种化学和生物杀虫剂以及病原体的鉴定；筛选和培育农作物良种所进行的生化分析等。随着生物化学研究的进一步发展，把某些科技成果应用到农业中，使整个农业生产的面貌都发生了巨大的改变。

前景无限美好的蛋白质工程

　　蛋白质工程是新一代的生物工程。蛋白质工程的中心内容是改造现有的蛋白质，生产新的、自然界并不存在的蛋白质来满足人们的需求。这些蛋白质主要是酶。

　　高新技术的日新月异实在令人赞叹不已。基因工程、细胞工程、发酵工程、酶工程这四大支柱已经被归入"上一代"、"老一代"了。

　　这些"上一代""老一代"的生物工程确实还存在缺陷，还有许多问题需解决。问题之一便是产品的不稳定性。T4溶菌酶便是一例。又如，人们寄托了很大希望的抗肿瘤、抗病毒药物干扰素，遇热也极易变性，在－70℃的低温条件下也只能保存很短的时间。问题之二是产品的副作用。例如，用小鼠细胞培养、生产的单克隆抗体，进入人体后一方面表现出强大的药理作用，一方面却会引起免疫反应，因为它毕竟是异体蛋白。此外，生物工程的许多产品还存在着活性低、提纯困难等问题，这些问题正是蛋白质工程的攻关对象。

要改造一种蛋白质，大致要经过以下几个阶段：

（1）通过计算机图像分析，找出蛋白质整体结构中足以使某个性能发生改变的部位，或者说在氨基酸长链中找个关键的氨基酸，然后确定这个氨基酸需要如何加工修饰，或者干脆用哪一个氨基酸来代换。

（2）找到生物细胞中指导合成这种蛋白质的 DNA 片段，并找出与那个关键氨基酸相对应的碱基，经过分析后用另一个碱基来取代它。这个繁琐的过程自然需要计算机的帮助。

（3）将改造过的 DNA 片段移植到细菌、酵母菌或其他微生物体内，经过培养，筛选出能“分泌”出理想的新蛋白质的菌株，再运用发酵工程大量生产这种新蛋白质。

以上说的仅仅是蛋白质工程一种比较有代表性的生产过程，对这个过程的描述也是极其粗略的。然而，它大概已经能表明，蛋白质工程集中了生物工程的精粹，而且还是计算机技术和现代生物技术杂交生成的宠儿。

拿计算机图像显示来说，它显示的不光是氨基酸排列顺序，不光是氨基酸长链如何缠绕、盘旋的立体结构，还要显示出每个氨基酸的受力情况——在哪些相邻分子的引力下处于平衡状态。更进一步地，它还要显示如果某个氨基酸发生改变，这一平衡状态将会如何变化，对整个蛋白质的功能将会有什么样的影响。如果没有现代计算机技术，这一切都是难以想象的。

蛋白质工程问世还不久，取得的成果已经令人刮目相看。

那种 T4 溶菌酶，蛋白质工程得以妙手回春，将它的 3 位异亮氨酸换成半胱氨酸，再跟 97 位半胱氨酸联接起来。这样，它在 67℃下反应 3 小时后，活性丝毫未减。在－70℃的低温下难以保存的干扰素，经蛋白质工程的点化，胱氨酸被换成丝氨酸，一下子变得可以保存半年之久了。

一种生产中很有用的酪氨酸转移核糖核酸酶，只是在一个位点上：用脯氨酸取代了苏氨酸，催化能力一下子提高了25倍。对于用小鼠细胞培养生产的单克隆抗体，专家们已经提出了"开刀方案"，打算把它整修得更接近人的抗体，以减轻副作用。

蛋白质工程不仅要对那些生物工程的产品进行再加工，还要对一些纯天然的蛋白质进行模拟和改造。例如，那绵软、飘逸的蚕丝，那蓬松、暖和的羊毛，那纤细、坚韧的蛛丝，它们本质上都是蛋白质。对它们进行模拟和改造，再实现大量生产，将会获得性能比蚕丝、羊毛、蛛丝更优异的材料，改善我们的生活条件。

浏览一下对蛋白质工程的众多评价是很有意思的。有人称它是第二代生物工程，有人称它是第二代基因工程，有人说它"曙光初露"，有人说它"前途无量"。20世纪80年代，有人将"21世纪是生物化学的世纪"这句话改成"21世纪是生物工程的世纪"；20世纪90年代，又有人指出"21世纪是蛋白质工程的世纪"。

众多人们的关注和瞩目才会引出众多的评价。众多评价至少传递出一条信息：蛋白质工程充满魅力，充满希望。在近几年内，蛋白质工程可能会取得更多的突破，又将会招来许多新的评价，我们期待着。

免疫反应

免疫反应是指反应免疫体系中各成员（抗原、免疫分子、免疫细胞、免疫组织）之间相互依赖、相互影响和相互作用的一种免疫学现象。免疫反应可分为非特异性免疫反应和特异性免疫反应。非特异性免疫构成人体防卫功能的第一道防线，并协同和参与特异性免疫反应。特异性免疫反应可表现为正常的生理反应、异常的病理反应。机体免疫系统通过免疫反应进行免疫功能。

延伸阅读

酶工程

酶工程是在一定的生物反应装置里，利用酶的催化作用，将相应的原料转化成产品的一项生物技术。主要包括酶的产生和分离、酶或细胞的固定化、固定化酶的反应器等。

酶是生物催化剂，有很强的催化能力并能催使反应速度增加上亿倍。各种酶有各自的专一性，如葡萄糖酶只专门催使葡萄糖氧化，转换成果糖等。但是生物体里酶的含量很少，并且难以提纯，同时，在外界环境的作用下，一些酶的活性很不稳定。1969 年，日本科学家将酶固定在一定的载体里，使酶能长期保持活性，并能反复多次使用。这种固定化酶技术的发展，使酶工程进入一个新的阶段，在各个领域如医疗、食品加工、公害处理等已广泛应用，如将固定化尿素酶安置在人工肾里，就能连续地排除人体代谢的废物而不必更换。

酶工程不仅包括生物体的天然酶和按需要制成的人工酶，并能根据生物酶的原理设计新的生物反应，可以更多更快地得到新的产品。

现代微生物发酵工程

先说说有趣的发酵现象。

很早的时候人们就已经会利用酵母菌将葡萄糖发酵成乙醇和二氧化碳，发展了酿酒、制造工业酒精以及面包制造业。我国特有的普洱茶也是在这漫长的茶马古道上由微生物的发酵作用导致而诞生。虽然人们很早就开始利用发酵，但是对其现象与本质的研究直到 19 世纪后半叶才开始，并经历了长期的争论才得到阐明。

1897 年，德国的 Hans Bucher 和 Edward Buchner 兄弟，开始制作不含细

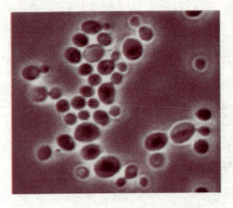

酵母菌

菌的酵母浸入液供药用，当取得了汁液后，为了防止腐败，选择了日常惯用的蔗糖作防腐剂，于是就有了重大的发现的开端。酵母菌的汁液居然引起了蔗糖发酵。这是第一次发现没有活酵母存在的发酵现象，从此开始了研究没有活细胞参加的酒精发酵的新纪元。

以上实验还发现，新鲜酵母的发酵液远不如活酵母菌的发酵能力。如果将汁液在30℃条件下干燥，仍能保持发酵能力，但是若将发酵液加热至50℃以上，便会失效。这些都表明发酵力与酶有关。此外，Arthur Harden 和 William Young 将新鲜的酵母液加到 pH 值为 5～6 的葡萄糖溶液中，如果再加入一些磷酸，发酵就又恢复起来，加进去的无极磷酸也慢慢消失了。这种现象使人们想到可能形成了有机磷酸酯。以后的实验证明，这些磷酸酯是葡萄糖与无机磷酸作用的结果。

这些磷酸酯是怎样形成的？又是怎样转变成乙醇和 CO_2 的呢？阐明这些问题又经历了几十年的光景，通过不同国别科学家的共同努力才得以解决。Harden 和 Young 还发现，酵母汁液经透析后就失去了发酵能力。向透析剩下的液体中加入少量透析液和煮沸过的使酶失活的汁液，发酵能力就能得到恢复。这表明酵母菌榨液包括两类重要物质：一类是不耐热的、不能透析的酶；另一类是耐热的、可以透析的物质，命名为发酵辅酶，后来又进一步证明了发酵辅酶是烟酰胺嘌呤二核苷酸（NAD 或称辅酶 I）和腺嘌呤核苷酸的混合物，此外还有 ADP、ATP 以及金属离子。

20 世纪 70 年代，基因重组技术、细胞融合等生物工程技术的飞速发展，为人类定向培育微生物开辟了新途径，微生物工程应运而生。通过 DNA 的组装或细胞工程手段，按照人类设计的蓝图创造出新的"工程菌"和超级菌。然后通过微生物的发酵生产出对人有益的物质产品。

在生物界中，微生物的比表面积（表面积与体积之比）、转化能力、繁殖速度、变异与适应性、分布范围 5 项指标超出所有生物之上，因而具有极强的自我调节、环境适应和自我增殖能力。在适宜的条件下，细菌 20 分钟即可繁殖一代，24 小时后，一个细胞可繁殖成 4 万亿亿个细胞，细菌比植物繁殖率快 500 倍，比动物快 2 000 倍。

传统的发酵技术，与现代生物工程中的基因工程、细胞工程、蛋白质工程和酶工程等相结合，使发酵工业进入到微生物工程的阶段。

微生物工程包括菌种选育、菌体生产、代谢产物的发酵以及微生物功能的利用等。

现代微生物工程不仅使用微生物细胞，也可用动植物细胞发酵生产有用的产品。例如利用培养罐大量培养杂交瘤细胞，生产用于疾病诊断和治疗的单克隆抗体等。

生物工程和技术被认为是 21 世纪的主导技术，作为新技术革命的标志之一，已受到世界各国的普遍重视。生物工程将为解决人类所面临的环境、资源、人口、能源、粮食等危机和压力提供最有希望的解决途径，但生物工程真正能应用于工业化生产的，主要还是微生物工程（发酵工程）。基因工程、细胞工程、酶工程、单克隆抗体和生物能量转化等高科技成果，也往往通过微生物才能转化为生产力。

与传统化学工业相比，微生物工程有以下优点：

（1）以生物为对象，不完全依赖地球上的有限资源，而着眼于再生资源的利用，不受原料的限制。

（2）生物反应比化学合成反应所需的温度要低得多，同时可以简化生产步骤，实行生产过程的连续性，大大节约能源，缩短生产周期，降低成本，减少对环境的污染。

（3）可开辟一条安全有效的生产价格低廉、纯净的生物制品的新途径。

（4）能解决传统技术或常规方法所不能解决的许多重大难题，如遗传疾病的诊治，并为肿瘤、能源、环境保护提供新的解决办法。

（5）可定向创造新品种、新物种，适应多方面的需要，造福于人类。

（6）投资小，收益大，见效快。

微生物工程正逐渐形成一股引起工业调整和社会结构改革的力量。因此，世界各国政府纷纷把微生物发酵工程列入本国科学技术优先开发的项目。

工程菌

工程菌是用基因工程的方法，使外源基因得到高效表达的菌类细胞株系。工程菌是采用现代生物工程技术加工出来的新型微生物，具有多功能、高效和适应性强等特点。工程菌在生产基因工程药物、发酵工程中均有重要应用。

延伸阅读

发酵工程在医药和食品工业方面的应用

发酵工程在医药工业上的应用，成效十分显著，生产出了如抗生素、维生素、动物激素、药用氨基酸等。目前，常用的抗生素已达100多种，如青霉素类、头孢菌素类、红霉素类和四环素类。另外，应用发酵工程大量生产基因工程药品，如人生长激素、重组乙肝疫苗、某些种类的单克隆抗体抗血友病因子等。

发酵工程在食品工业上的应用也十分广泛，主要包括：（1）生产传统的发酵产品，如啤酒、果酒、食醋等，使产品的质量和产量得到明显提高。（2）生产食品添加剂。如柠檬酸、谷氨酸、红曲素、高果糖浆等。（3）单细胞蛋白的生产。

▌▌ 处理污水的生物膜技术

随着城市化进程的加快和城镇人口的不断增长，以生活污水为主的城市污水已成为水环境的主要污染源，我国湖泊的富营养化和水环境的恶化，直接威胁着人民群众的饮用水安全和城市经济的可持续发展。近年来，受技术和工艺条件限制，我国城市污水处理投资大，成本高，处理率低，效果不尽如人意。

专家介绍，目前我国城市污水处理技术主要采用活性淤泥法，其技术原理是通过工程化处理，利用淤泥中的活性成分（主要是指各种微生物成分）降解造成水污染的磷、氮以及藻类等营养元素，从而达到自然净水的目的。国内通用的活性淤泥法主要包括 A/O 法、A2/O 法、氧化沟法、SBR 法等几种模式，但由于存在成本高、处理不彻底和容易造成对环境的"二次污染"问题，既不经济，处理效果也不理想。

生物膜技术是近年发展起来的一项新技术，其原理是利用现代生物工程技术，针对水体污染物成分，高密度培养发酵不同功能的活性菌，按比例混合制成制剂，形成生物膜（也称"生物带"），直接投放到被污染的水体中，对富营养元素进行分解转化，实现净水目的。与欧美、日本等国家相比，目前我国的生物膜技术主要应用于水产养殖业，并已创造出巨大的经济效益，初步显示了在水处理领域的应用前景。

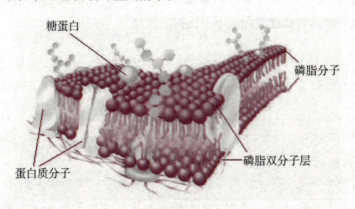

生物膜

专家介绍，与传统的活性淤泥法相比，生物膜技术应用于城市污水处理具有五大明显的技术优势：

（1）投资省。目前国内的城市污水处理厂基础建设投资大，需要大量的机械设备、管网和其他工程设施，投资成本每吨污水处理费用约 1 000 元，而应用生物膜技术投资设备少，占地小，处理每吨污水费用不到500元，相比节约成本50%以上。

（2）运行费用低。据测算，目前国内城市污水处理厂的直接运行成本，一般在每天处理每吨污水0.5~0.8元之间，而应用生物膜技术处理污水每天每吨只需0.2元左右。

（3）淤泥少，没有"二次污染"。采用传统的活性淤泥法处理城市污水，常由于大量淤泥的堆放造成对环境的"二次污染"，而同比条件下制成生物膜的微生物菌一旦把污水净化后，便会由于缺乏"营养"而自动消亡，不会造成"二次污染"。

（4）效率高。由于生物膜比表面积大，微生物菌密度高，每克制剂的微生物菌含量达50亿~200亿个，大大高于淤泥中的自然微生物活性成分，同时还可以多次投放，方便快捷，处理效果明显优于传统的活性淤泥法。采用生物膜技术，不仅能够有效治理湖泊的富营养化，而且有助于修复和强化湖泊生态功能，提高水体自净能力。

（5）适合城市生活小区等小规模、有机负荷不高的污水处理。由于投资省，运行费用低，并可节省管网建设成本，应用生物膜技术处理城市生活小区等城市污水具有活性淤泥法不可比拟的优势。

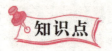
知识点

富营养化

　　富营养化是一种氮、磷等植物营养物质含量过多所引起的水质污染现象。在自然条件下，随着河流夹带冲击物和水生生物残骸在湖底的不断沉降淤积，湖泊会从平营养湖过渡为富营养湖，进而演变为沼泽和陆地，这是一种极为缓慢的过程。但由于人类的活动，将大量工业废水和生活污水排放入湖泊中，致使湖泊富营养化，藻类大量繁殖，生物量的种群种类数量也随之发生改变，破坏了水体的生态平衡。

延伸阅读

活性污泥法的基本流程

典型的活性污泥法是由曝气池、沉淀池、污泥回流系统和剩余污泥排除系统组成。污水和回流的活性污泥一起进入曝气池形成混合液。从空气压缩机站送来的压缩空气，通过铺设在曝气池底部的空气扩散装置，以细小气泡的形式进入污水中，目的是增加污水中的溶解氧含量，还使混合液处于剧烈搅动的状态，形悬浮状态。溶解氧、活性污泥与污水互相混合、充分接触，使活性污泥反应得以正常进行。活性污泥法本质上与自然界水体自净过程相似，只是经过人工强化，污水净化的效果要比自然水体自净要好。

酶工程的新领域——抗体酶应用

1946年，美国生物化学家鲍林用过渡态理论阐明了酶催化的实质，即酶之所以具有催化活力，是因为它能特异性结合并稳定化学反应的过渡态（底物激态），从而降低反应能级。1969年，美国科学家杰奈克斯在过渡态理论的基础上猜想：若抗体能结合反应的过渡态，理论上它则能够获得催化性质。1984年，美国科学家列那进一步推测：以过渡态类似物作为半抗原，则其诱发出的抗体即与该类似物有着互补的构象，这种抗体与底物结合后，即可诱导底物进入过渡态构象，从而引起催化作用。根据这

生物化学家鲍林

个猜想，列那和德国学者苏尔滋分别领导各自的研究小组独立地证明了：针对羧酸酯水解的过渡态类似物产生的抗体，能催化相应的羧酸酯和碳酸酯的水解反应。1986 年，美国 Science 杂志同时发表了他们的发现，并将这类具催化能力的免疫球蛋白称为抗体酶或催化抗体。

抗体酶具有典型的酶反应特性：与配体（底物）结合的专一性，包括立体专一性，抗体酶催化反应的专一性可以达到甚至超过天然酶的专一性；具有高效催化性，一般抗体酶催化反应速度比非催化反应快 $10^4 \sim 10^8$ 倍，有的反应速度已接近于天然酶促反应速度；抗体酶还具有与天然酶相近的米氏方程动力学及 pH 值依赖性等。

将抗体转变为酶主要通过诱导法、引入法、拷贝法 3 种途径。诱导法是利用反应过渡态类似物为半抗原制作单克隆抗体，筛选出具高催化活性的单抗即抗体酶。引入法则借助基因工程和蛋白质工程将催化基因引入到特异抗体的抗原结合位点上，使其获得催化功能。拷贝法主要根据抗体生成过程中抗原 – 抗体互补性来设计的。美国科学家博莱克等以硝基苯酚磷酸胆碱酯作为半抗原诱导产生单抗，经筛选找到加快水解反应 1.2 万倍的抗体酶。

抗体酶可催化多种化学反应，包括酯水解、酰胺水解、酰基转移、光诱导反应、氧化还原分应、金属螯合反应等。其中有的反应过去根本不存在一种生物催化剂能催化它们进行，甚至可以使热力学上无法进行的反应得以进行。

抗体酶的研究，为人们提供了一条合理途径去设计适合于市场需要的蛋白质，即人为地设计制作酶。它是酶工程的一个全新领域。利用动物免疫系统产生抗体的高度专一性，可以得到一系列高度专一性的抗体酶，使抗体酶不断丰富。随之出现大量针对性强、药效高的药物。立体专一性抗体酶的研究，使生产高纯度立体专一性的药物成为现实。以某个生化反应的过渡态类似物来诱导免疫反应，产生特定抗体酶，以治疗某种酶先天性缺陷的遗传病。抗体酶可有选择地使病毒外壳蛋白的肽键裂解，从而防止病毒与靶细胞结合。抗体酶的固定化已获得成功，将大大地推进工业化进程。

知识点

催 化

催化即通过催化剂改变反应物的活化能，改变反应物的化学反应速率，反应前后催化剂的量和质均不发生改变的反应。催化本质上是一种化学作用。催化是自然界中普遍存在的重要现象，催化作用几乎遍及化学反应的整个领域。

过渡态理论

过渡态理论即活化络合物理论，是研究有机反应中由反应物到产物的过程中过渡态的理论。活化络合物所处的状态叫过渡态。过渡态理论认为，反应物分子并不只是通过简单碰撞直接形成产物，而是必须经过一个形成活化络合物的过渡状态，并且达到这个过渡状态需要的一定的活化能。过渡态理论是 1935 年由 A·G·埃文斯和 M·波拉尼提出的。

微生物制剂——乳酸菌的神奇效用

发展绿色无公害饲料添加剂是 21 世纪饲料工业的重要研究方向，饲用微生物制剂是实现这一目的的主要途径。

针对抗生素、激素和兴奋剂类等残留问题和对人类健康造成的威胁，科学家们将动物药品添加剂的研究方向投向具有生长促进作用和保健效果的饲用微生态制剂。

微生态制剂是指在微生态学理论的指导下，调整生态失调、保持微生态平衡、提高宿主（人、动植物）健康水平或增进健康状态的生理活性制品及其代谢产物以及促进这些生理菌群生长繁殖的生物制品。

饲用微生物必须在生物学和遗传学特征上保证安全和稳定，因此应用前必须经过严格的病理、毒理试验，证明无毒、无害、无耐药性等副作用才能使用。目前常用的微生物种类主要有乳酸菌、芽孢杆菌、胶木菌、放线菌、光合细菌等几大类。美国 FDA（1989 年）规定允许饲喂的微生物有 40 余种，有近 30 种是乳酸菌。我国 1994 年农业部批准使用的微生物品种有蜡样芽孢杆菌、枯草芽孢杆菌、粪链球菌、双歧杆菌、乳酸杆菌、乳链球菌等，其中大部分也属于乳酸菌类。

乳酸菌是一类能从可发酵碳水化合物（主要指葡萄糖）产生大量乳酸的细菌的统称，目前已发现的这一类菌在细菌分类学上至少包括 18 个属，主要有乳酸杆菌属，双歧杆菌属，链球菌属，明串珠球菌属，肠球菌属，乳球菌属，肉食杆菌属，奇异菌属，片球菌属，气球菌属，漫游球菌属，李斯特菌属，芽孢乳杆菌属，芽孢杆菌属中的少数种、环丝菌属，丹毒丝菌属，孪生菌属和糖球菌属等。

乳酸菌绝大多数都是厌氧菌或兼性厌氧的化能营养菌，革兰阳性。生长繁殖于厌氧或微好氧、矿物质和有机营养物丰富的微酸性环境中。污水、发酵生产（如青贮饲料、果酒、啤酒、泡菜、酱油、酸奶、干酪）培养物、动物消化道等乳酸菌含量较高。小牛胃和上部肠道中乳酸菌占优势，从牛乳喂养的小牛胃液中分离乳酸乳杆菌、发酵乳杆菌。小牛中主要是嗜酸乳杆菌。发酵乳杆菌则是黏附在柱状上皮细胞的主要乳杆菌。

乳酸菌对人和动物都有保健和治疗功效，这一点，国内外均有大量饲养和临床试验证明。Baird 在 1977 年用乳杆菌饲喂断奶仔猪和生长育肥猪，试验证明均能增加日增重和提高饲料转化率。Lidbeck 等人在 1992 年证实乳酸杆菌能预防放疗引起的腹泻。中国动物营养学博士蔡辉益等人在 1993 年对益生素使用效果进行统计，其中乳酸菌类益生素饲喂猪的报道，7 例证明能提高日增重，平均提高 7.67%。6 例证明提高饲料转化率，平均提高 5.4%，饲喂肉鸡的报道中，5 例证明提高日增重，平均达 7.32%。5 例证明提高饲料利用率，平均达 9.5%。乳酸杆菌在饲喂育肥牛（舍饲）时使用，平均日增重提高 13.2%，饲料转化率提高 6.3%，发病率下降 27.7%。Gallagher 等人在 1974 年研究表明，食用酸奶的人群对乳糖的利用率比食用含相同乳糖浓度的牛奶要高，从而减轻乳糖的不耐受症状。此外乳酸菌的抗癌作用也有不少报道。

乳酸菌在实际应用中效果显著，近些年来，更多的研究工作集中于乳酸菌发挥这些功能的作用机制的探讨上。相关报道很多，综其所述，其作用机理主要有以下几点：

① 提供营养物质，具有促机体生长作用。

② 改善微生态环境，清理肠道有毒物质。

③ 调节消化免疫系统等。

知识点

微生态制剂

微生态制剂又叫活菌制剂或生菌剂，是指利用正常微生物或促进微生物生长的物质制成的活的微生物制剂。也可以这样认为，一切能促进正常微生物群生长繁殖的及抑制致病菌生长繁殖的制剂都可以称为微生态制剂。微生态制剂可调整宿主体内的微生态失调，保持微生态平衡。

延伸阅读

芽孢杆菌的功能

芽孢杆菌是一种微生物制剂，其主要功能如下：

（1）保湿性强：形成强度极为优良的天然材料聚麸胺酸，可以防止土壤肥力及水分流失。

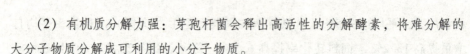
（2）有机质分解力强：芽孢杆菌会释出高活性的分解酵素，将难分解的大分子物质分解成可利用的小分子物质。

（3）产生丰富的代谢生成物：芽孢杆菌能合成多种有机酸、酶、生理活性等物质，及其他多种容易被利用的养分。

（4）抑菌、灭害力强：芽孢杆菌能抑制有害菌、病原菌等有害微生物的的生长繁殖。

（5）除臭：芽孢杆菌可以分解产生恶臭气体的有机物质、有机硫化物、有机氮等，大大改善场所的环境。

瞬间灭火的"液膜"技术

新开凿好的油井，过去常常会遇到井喷火灾事故，这是很令人头疼的一件事。不过这已经成为过去，因为现在有了一种神奇的液膜，人们只要穿着石棉服，手提液膜罐，迅速将液膜倒进井里，过不久，井喷就被制服了。

什么是液膜呢？你一定知道肥皂泡沫吧，它就是最常见的液膜，它的分子一端亲水，一端亲油，在水中遇到油，亲油的一端向油，亲水的一端向外，就成为包围着油的泡沫。这种液膜不稳定，一吹就破。

扑灭井喷的液膜与肥皂泡沫类似，不同的是它是一种包结有膨润土的液膜，也就是说，在制造这种液膜时，加进了一些固体颗粒膨润土，这样形成的液膜里面就包结有固体物质膨润土。当这种液膜进入井内时，由于井内的温度和压力都比地面高，在高温高压的作用下，它就会很快破裂，膨润土随即分散开来，遇到地下水时，立即膨胀，而且黏性增加，并把井管通道堵塞，这样气体和油液被封闭起来，于是大火就灭了。

液膜技术是美国埃克森研究与工程公司的华裔学者黎念之发明的，它一出现就风靡世界，广泛应用于许多领域。

人们使用液膜技术来使油井增产。在美国，用高压泵将包结了盐酸的液膜掺合砂子和水，打进地下。在高温高压的作用下，液膜破裂，盐酸流出，同碱性土壤起化学反应，生成溶于水的盐类，土壤形成裂缝，而砂子则掺入缝隙起支撑作用。于是，较远地方的石油可以经过这条砂子通道，源源流向井管，使油井增产两成左右。

人们利用油膜技术来生产铀，成本比用萃取法要低一半左右，而且贫矿中夹杂的微量铀也能被提炼出来。比如磷矿中夹杂的铀，常常在生成磷酸时被白白地抛弃。人们将包结有氢离子和二价铁离子的液膜放进磷酸中，磷酸内的铀离子就会渗进液膜内，同氢离子和铁离子起反应，生成四价的铀化合物，然后把液膜滤出来，铀就可提炼出来。

工厂排出的污水中，含有镉、汞、铬等金属，如果利用各种液膜技术进行处理，就可以回收贵重金属，还可以减少污染。这类液膜技术成本低廉，操作方便，效益显著，是环境保护技术中的一颗"新星"。

知识点

萃取法

萃取法就是利用溶质在互不相溶的溶剂里溶解度不同，用一种溶剂把溶质从另一溶剂所组成的溶液里提取出来的操作方法。萃取物质的一般操作步骤是：把用来萃取（提取）溶质的溶剂加入到盛有溶液的分液漏斗后，立即充分振荡，使溶质充分转溶到加入的溶剂中，然后静置分液漏斗。待液体分层后，再进行分液。如要获得溶质，可把溶剂蒸馏除去，就能得到纯净的溶质。

延伸阅读

液膜

液膜就是以液体为材料的膜，它有4种类别：

（1）沿固体壁面流动着的液膜。这类出现在一些化工设备中，如垂直膜式冷凝器、膜式蒸发器、填充塔和膜式气液反应器等。

（2）固体从能使其润湿的液体中取出时，表面上附着的液膜，称为滞留液膜。若继之以干燥或冷冻，可将此液膜固定下来。工程上常用此法形成表面涂层，如制造感光胶片常用此法。在贮槽中，当液体流完后，壁上也附有滞留液膜。

（3）在液膜分离操作中，用以分隔两个液相的液膜，此液膜是对溶质具有选择性透过能力的液体薄层。

（4）气液两相相际传质系统中，存在于液相中界面附近的具有传递阻力的液膜。

在这些液膜中，沿壁面下降的液膜和滞留液膜在生产中有着较为广泛的应用。

方兴未艾的基因农业

抗病虫害的农作物

提高农作物品种抗病虫害的能力，既可减少农作物的产量损失，又可降低使用农药的费用，降低农业生产成本，提高生产效益。

目前，人们已经发现了多种杀虫基因，但应用最多的是杀虫毒素蛋白基因和蛋白酶抑制基因。杀虫毒素蛋白基因是从苏云金芽孢杆菌（一种细菌）上分离出来的，将这个基因转入植物后，植物体内就能合成毒素蛋白，害虫吃了这种基因产生的毒素蛋白以后，即会死亡。目前已成功转入毒素蛋白基因的作物有烟草、马铃薯、番茄、棉花和水稻等，正在转入这个基因的作物还有玉米、大豆、苜蓿、多种蔬菜以及杨树等林木。

转基因抗虫作物，效果最大的当数抗虫棉。说起棉花，大家都知道它又白、又轻、又软，做成的棉被盖在身上，暖暖的。棉花收获季节一到，棉田里就盛开着一朵朵的棉花，远远望去美极了！然而，棉花也有天敌，一旦被棉铃虫侵害，棉花就会变黄、发蔫，甚至无法开花、吐絮，造成棉田减产，棉农减收。

许多年来，为了防治棉铃虫，人们主要靠喷施化学农药。这种方法虽然有一定的防治效果，但也存在着害虫产生抗药性的缺点。有些地方农民们喷洒农药甚至把药水往虫子身上倒，可虫子仍然不死，虫子把棉花的花蕾、棉桃和叶子照样吃个精光。另外，喷施农药对

抗虫棉

人体有害，容易中毒，况且对环境也有严重的污染，因此，不提倡使用农药。

1997年，美国种植了抗虫基因棉100多万公顷，平均增产7%，每公顷抗虫棉可增加净收益83美元，总计直接增加收益近1亿美元。我国是世界上继美国孟山都公司后第一个获得抗虫棉的国家。我国的抗虫棉的抗虫能力在90%以上，并能将抗虫基因遗传给后代。我国的抗虫棉已进入产业化阶段。

利用植物基因工程不仅可以治虫，而且还可以防病。你知道吗？作物在它的一生的生长历程中还会受到几十种甚至上百种病害的危害。这些病害包括病毒病、细菌病以及真菌病。作物感染病害以后将给生产带来极大的损失。如水稻白叶枯病，它是我国华东、华中和华南稻区的一种病害，由细菌引起，发病后轻则造成10%~30%的产量损失，重则难以估计。

为了培育抗病毒的转基因作物。我国科学家将烟草花叶病毒和黄瓜花叶病毒的外壳蛋白基因拼接在一起，构建了"双价"抗病基因，也就是抵抗两种病毒的基因，把它转入烟草后，获得了同时抵抗两种病毒的转基因植株。田间试验表明，对烟草花叶病毒的防治效果为100%，对黄瓜花叶病的防治效果为70%左右。目前，我国科学家还通过利用病毒外壳蛋白基因等途径，进行小麦抗黄矮病、水稻抗矮缩病等基因工程研究，并取得了长足进展。

抗病毒作物

利用植物基因工程来防治病毒害，目前已取得了令人瞩目的成就，主要有以下方法：

（1）向植物中转入病毒的外壳蛋白基因

人们早就知道，接种病毒弱毒株能够保护植物免受强毒株系的感染，就像人接种牛痘可免除天花病毒感染一样。这种在一种病毒的一个株系系统地浸染植物后，可以保护植物不受同种病毒的另一亲缘株系严重浸染的现象，就是人们常说的交叉保护作用。近年来，人们通过基因工程方法来实现交叉保护。

1985年，美国科学家设想将病毒的外壳蛋白基因转入植物基因组中，看其是否能产生类似交叉保护的现象。他们将烟草花叶病毒的外壳蛋白基因转入烟草细胞，转基因植物及其后代都高水平地表达了外壳蛋白。这些植株有明显的抗病性，甚至还可以有效地减轻和延迟另一种相关的烈性病毒株的病症。在接种了烟草花叶病毒以后，转基因番茄只有约5%的植株得病，几乎不减产，而对照植株的发病率为99%。最近两年的田间试验进一步证实，用这种基因工程方法培育的番茄和烟草对病毒病防效显著。转基因植物未见产量降低，而对照组产量损失高达60%。

美国国家科学院1992年公布谷禾类作物病毒外蛋白技术已获得成功。他们从2个日本水稻品种中分离出未成熟植株的细胞团，这种细胞团能长成植株，并能合成抗水稻条纹叶枯病毒的外蛋白基因。为了检验这种外蛋白究竟能否使植株抗水稻条纹叶枯病毒的浸染，他们在31株含有外蛋白的水稻植株和17株缺少外蛋白的对照水稻植株中，接种带病毒稻褐飞虱，结果80%的对照植株出现了病毒症状，而通过遗传工程培育的稻株仅有20%~40%受浸染。

到目前为止，已有烟草花叶病毒、苜蓿花叶病毒、黄瓜花叶病毒、烟草脆裂病毒、马铃薯X和Y病毒、大豆花叶病毒等的外壳蛋白基因在烟草、番茄、马铃薯和大豆中得到表达。这些转基因植株都获得了阻止或延迟相关病毒病发生的能力。

（2）向植物中转入病毒的卫星 RNA 基因

有些种类的病毒是带有卫星 RNA 的。"卫星 RNA"通常用以称呼这样一类病毒或核酸，它们特异地依赖于某种病毒进行自身的复制，但它们本身却不为后者的复制所必需，故人们称之为"卫星 RNA"，称卫星 RNA 所依赖的病毒为"辅助病毒"。一些研究者认为，卫星 RNA 是一种"病毒的寄生物"。有些卫星 RNA 可干扰辅助病毒复制，并抑制病毒病症的表现。

1986 年英国科学家首次将黄瓜花叶病毒卫星 RNA 反转录成 DNA，然后导入烟草植株中。这些烟草及其有性繁殖子代在受到黄瓜花叶病毒侵害时，显著地抑制了病毒在植株中的复制，大大减轻了病症的发展。在该种转化植株受到番茄不育病毒——一种与黄瓜花叶病毒密切相关的植物病毒的攻击时，虽不能减少番茄不育病毒基因组 RNA 的合成，但却可通过诱导卫星 RNA 的合成而使病症得到明显的缓解。上述结果表明，利用卫星 RNA 产生的遗传性保护是诱导及增强农作物对病毒病害抗性的一种有效的策略。

此后，澳大利亚的科学家也报道将烟草环斑病毒卫星 RNA 导入烟草，获得了对烟草环斑病毒具有抗性的转基因植株。对照烟草在接种上述病毒后 1 周，出现典型的、具有严重坏死中心的环斑局部病变。接种后 6 周，所有的新生叶片均表现出严重的全叶症状，植株生长受阻。6 周后，新叶变小，表现出烟草环斑病毒感染的特征性斑驳症状。在转化植株上，病症的出现要比对照植株晚 1～2 天，病斑中心仍保持着绿色，无坏死现象。在感染病毒后 3 周新叶仍无明显病变，5～16 周后，在某些新叶上有些轻微的全叶反应。转化植株的叶片大小正常，长势较对照植株更旺盛，在接种病毒后 10 周还开了花。

（3）利用植物自己编码的抗病基因

有些植物品种或株系在受到病毒浸染时能表现出一定的抵抗能力。最明显的例子就是有的番茄品种能够抵抗番茄花叶病毒的浸染。还有许多植物（如烟卓、番茄、菜豆等）在受到病原真菌、细菌、病毒或逆境诱发后体内能产生多种蛋白，一旦将来克隆到了植物本身抗病毒的抗原基因，那将是最佳的抗病毒基因工程途径之一。

抗真菌植物

真菌病害是作物损失的主要原因之一。过去对植物真菌病害的控制，一是培育抗性品种，二是施用化学杀菌剂，三是采取预防措施，如轮作，避免受浸染土壤和带病原植物材料的传播等。然而，抗病育种所需时间长，难以对新的致病小种作出及时反应，化学杀菌剂成本高，且最终导致病原菌的抗药性，其残毒还引起环境污染等问题。

近年来，一些科学家致力于利用基因工程方法，如基因转移技术，培育不需要或只需要少量化学药剂的作物品种，为植物真菌病害的防治开辟了新的途径。

德国科学家在烟草中成功地引入了一种真菌抗体。迄今只在花生、松树和葡萄藤蔓中发现有这种抗体。葡萄可利用这种抗体抗御灰霉菌的浸染，烟草由于无此种抗体则受感染严重。为了使烟草植株也能产生这种抗体，研究人员在花生基因库中找到了表现这种抗体的组合基因，并把它取出转移到烟草植株体内。半年后，他们在受体细胞质中找到了该种抗体。试验表明，转基因后的烟草植株对灰霉菌具有较强的抗性。除此之外，他们还计划将表达这种真菌抗体的组合基因引入到马铃薯、番茄和油菜等作物。

一些植物中，植物抗毒素通常在局部合成，并在面临病原菌或环境胁迫后积累。这表明植物抗毒素的产生可导致对某些病原菌的抗性。例如，葡萄中植物抗毒素白藜芦醇的存在与对灰质葡萄孢的抗性有关，将花生的编码白藜芦醇合成的关键酶——芪合酶的基因转入烟草，其在转基因烟草中的构成性表达引起白藜芦醇的合成，且转基因植株的抗灰质葡萄孢浸染的能力比对照植株的强。

植物界大量存在具有离体抑制真菌生长增殖能力的蛋白质，相应基因在转基因植物中表达可使这些植物产生抗真菌性。

研究发现，几丁质酶和 B-1，3-葡聚糖酶位于植物细胞的液泡中，它们能催化许多真菌细胞壁主要成分——几丁质和葡聚糖的水解，从而抑制真菌的生长繁殖。所以，这两种酶是许多真菌生长的有效离体抑制物，两者协同作用，联合形成很强的抗菌活性。

美国科学家将一种高度活性的能激发植物体内几丁酶合成的源基因引入菜豆，取代了菜豆本身的该基因，以增加植物的几丁酶基因的表达，从而增强对真菌病原体的抗性。试验结果表明，含有外源基因的转基因菜豆植株比未转化植株产生的几丁酶多，对引起幼菌猝倒病和根腐病的丝核菌的抗性也有所增强。此外，将菜豆内生几丁质酶基因导入烟草植株，植株对立枯丝核菌的抗性就会增强。

抗旱作物

至今，世界上已经分离出一些抗旱基因。例如，美国科学家发现苔藓（地衣）拥有高度耐旱的基因，只要在干枯苔藓上滴几滴水，它就会很快恢复生机。他们指出，利用这些非作物基因，改良重要的、有经济价值的作物，使它们真正地耐旱，能在严重的沙漠类型干旱下生存，并培育出

苔 藓

当前短缺的、在少雨条件下生长的作物，是非常有前景的。其他科学家在珍珠粟中发现了一种耐旱基因，称作 TR。该基因可使珍珠粟叶片产生一个厚厚的蜡层，防止水分散失，在干旱条件下可使珍珠粟增产 25% 以上。

沙漠中的仙人掌

现在，在一些作物上已经实现了抗旱基因转移。美国科学家从一种细菌上分离出抗旱基因，并将其转入植株中，获得了抗旱转基因棉花。

脯氨酸能抑制植物细胞向外渗漏水分，小黑麦、仙人掌由于含脯氨酸合成酶基因，故能在干旱地区生长。美国斯坦福大学的科学家正在研究将仙人掌的抗旱基因转入大豆、小麦、玉米等作物中，以培育耐旱作物品种。

抗盐作物

海边红树林

早在 20 世纪 80 年代，科学家们就从红树林及各种海洋植物中得到启示：它们之所以能在海水浸泡的"海地"中生长，主要原因是它们为喜盐、耐盐的天然盐生植物。于是，科学家们"顺藤摸瓜"，运用基因工程技术，从种子基因到生态环境进行研究，结果发现它们的基因与陆地甜土植物不同，而正是这种独特的基因，使它们成为盐生植物，适应海水浸泡和滩涂的生态环境。

据此，科学家认为人类一定有办法找到或培育出适应海水灌溉的农作物。

1991 年，美国亚利桑那大学的韦克斯博士，完成了一种耐寒内质盐生物——盐角草属的杂交试验。紧接着，他又潜心研究高粱种子基因，使它适应咸土的生态环境。

韦克斯博士认为，在现有粮食作物中，高粱生长速度快，根须多，水分吸收快，只要解决耐盐性问题，海水浇灌或咸土栽培均有可能。

无独有偶。美国农业部的土壤学家罗宾斯也在打高粱的主意。他将高粱与一种非洲沿海盛产的苏丹杂草杂交，结果成功地培植出一种独特的杂交种——"苏丹高粱"。这种粮食作物的根部会分泌出一种酸，可快速溶解咸土土壤中的盐分而吸收水分。种植这样的农作物，采用海水浇灌后，海水中的盐分会自然被溶解掉，而不至于影响高粱的生长。当然，这一美好愿望的实现，仍是借助于植物基因工程的帮忙。

以色列的厄瓜多尔加拉帕海岸，生长着一种番茄，它的个小味涩，口质很差。但以色列科学家从这种耐盐西红柿中提取出了耐盐基因，将它整合到普通西红柿的种子中，通过精心培育，竟培育出了味美、个大、品质优良的耐盐品种，为充分利用海边盐碱地开辟了广阔的前景。

英国科学家则将生长在盐碱地上冰草的耐盐碱基因，转移到了小麦的染色体结构中，培育成了适合在盐碱地种植的小麦——冰草杂交种。这个杂交种适合于亚洲、中东和澳大利亚。

冰　草

与杂草"势不两立"的作物

草和庄稼一起生长，共同生活是避免不了的。杂草的生长，会使作物大幅度减产。以大豆为例，若不锄草，大豆的产量就会减少 10%。以每公顷产大豆 1 300 千克计算，每公顷因草害将少收大豆 130 千克。

经过人们的长期探索，发现有些药品能杀灭杂草。农民们只要向农田喷洒一些化学药剂，杂草就会被消灭。但是，人们很快发现，有的除草剂虽然能有效地杀灭杂草，但对农作物也有不同程度的危害；有的除草剂虽然对农作物没有危害，也能有效地杀灭杂草，但它在土壤中的残留期太长，严重影响了作物的倒茬轮作。比如有一种除草剂不危害玉米，但对这块田里的轮作物——大豆有毒害作用。另外，长期使用除草剂也可使杂草具有抗除草剂的能力。

基因工程的兴起，使上述问题的解决有了希望，人们看到了曙光。人们设想，向作物导入抗除草剂的基因，获得抗除草剂的转基因作物，这样就可以使作物不再受除草剂的伤害了。于是，几乎世界各国都开始重视这项技术的研究。现在，已有抗除草剂转基因植物约 20 种，它们给农业生产带来了巨大便利。

会"发光"的奇异植物

在自然界，能发光的生物有某些细菌、甲壳动物、软体动物、昆虫和鱼

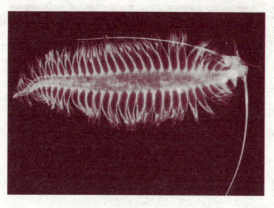

深海发光生物

类等。在深海中约99%的动物会发光，它们形成了独特的海底冷光世界。但植物也能发光吗？答案是肯定的。

凡是到过美国加利福尼亚大学参观的人们，总是要到该校的植物园去领略一番那里的奇妙夜景。

这是为什么呢？

原来，加利福尼亚大学的植物园内，种植着几畦奇异的植物，每当夜晚降临时，人们就会看见一片发出紫蓝色荧光的植物。这是加利福尼亚大学的生物学家们，利用基因工程的方法制造出来的一种能从体内发射荧光的神奇烟草。这种"发光"烟草又是怎么培育出来的呢？

科学家们曾对萤火虫的发光机理进行了深入研究，了解到萤火虫发光是发光器中的荧光素在荧光酶的催化下发出的间歇光。荧光素与荧光酶都是由发光基因"指挥"下合成的，然后由调控基因发出光反应信息。于是，科学家们便把发光基因从萤火虫的细胞中分离出来，再转入到烟草体内，这样便培育出能发射荧光的转基因烟草。

英国爱丁堡大学已将发光基因分别转给棉花、马铃薯和青菜，培育出了各自发光的植物。日本科学家还计划培育发光菊花和发光石竹花，人们不仅在白天可以看花卉的美丽花朵，而且到夜晚还可以欣赏花卉发出的熠熠光彩。美国人还计划培育出发光夹竹桃，将来种植在高速公路两旁，白天作

萤火虫

行道树，夜晚作路灯。到那时，每当夜幕降临，公路两旁的夹竹桃荧光闪闪，树树相连，灯灯相通，那将变成一个美丽的荧光世界。

更有趣的是美国的海洋生物学家，在美国东南海域温暖的海水中发现了一种能发出蓝光的海蜇。这种海蜇体内有一种特别基因。当海蜇受到其他生物侵袭时，细胞释放出的钙便与这种特别基因"联姻"，此时身体就会发出蓝光。这种奇妙的现象，启发了英国的科学家把海蜇的特别基因移植到烟草上。结果，当生长的烟草受到各种"压力"时，也会发出蓝光。在此基础上，他们又先后在小麦、棉花、苹果树等植物上移植了"发光基因"。这样，在大田中，作物一旦受细菌、害虫或寒冷、干旱等侵害时，便会发出蓝光。这种"发光基因"极为微弱，只有通过特别的仪器才能观察到。一旦发现蓝光，人们可以立即采取措施。这样一来，就减少了施肥、用药、灌溉的盲目性，降低了农作物的生产成本。

花卉的多彩世界

在五彩缤纷的花丛中，艳丽芳香的花朵不仅使人陶醉，还使人感到心旷神怡。但在百花丛中，你见过蓝色的玫瑰吗？自然界中的玫瑰有着各种不同的颜色，如红玫瑰、白玫瑰、黄玫瑰，但却没有蓝玫瑰。为什么玫瑰不能开出蓝色的花朵来呢？而像矮牵牛等植物却能开出各种各样，其中包括蓝色的花朵呢？

我们知道，植物的花色是由植物能够合成的那种花色素决定的，植物的花色素的合成涉及许多种酶的作用。因此，在运用基因工程的方法对那些与色素有关酶的基因进行操作时，有的花色素的合成涉及酶的基因数较少，易于操作，有的花色素的合成涉及酶的基因较多，不易操作。像蓝色素的合成是由多种酶控制的，而且还与细胞中的酸碱

蓝玫瑰

度有关，因此利用基因工程方法培育蓝色花卉就比较复杂。相信在不久的将来，经过科学家们的辛勤劳动，一定会换来一朵朵绚丽的蓝色玫瑰。

现在，在花卉优良品种的培育方面，基因工程发挥着越来越大的作用，人们培育出了许多用传统的园艺技术难以获得的品种，如橙色的矮牵牛等。另外，现已成功地将外源基因转入玫瑰、矮牵牛、康乃馨、郁金香、菊花等重要的花卉植物。我们有足够的理由相信，基因工程会给我们带来一个更加绚丽多彩的世界。

含有疫苗的蔬菜和水果

在人的一生中，为了防治传染病，从小就要打预防针。例如，刚出生的婴儿要注射预防肺结核菌的卡介苗、预防乙型肝炎的乙肝疫苗。以后 3 个月到 15 岁之间，陆续还要吃小儿麻痹糖丸预防小儿麻痹症；注射三联菌苗，预防百日咳、破伤风和白喉；注射预防麻疹的疫苗等等。

科学家们设想，是否可以培育一些带有疫苗的水果、蔬菜，这样不就可以免受打针之苦吗？

人们天天都要吃水果、蔬菜，如果将普通的水果、蔬菜或其他农作物，改造成能有效地预防疾病的疫苗，到了那个时候，对某些疾病的预防，将变得非常简单，保健便成了一件轻松的事，只要吃一个西红柿、苹果、鸭梨或一碟冷盘就可以解决问题了。

科学家们的幻想，有的已成为了现实。他们正在试验利用香蕉携带乙肝疫苗来预防乙型肝炎，这样一来，人们只要吃一根香蕉就可以达到预防乙肝的目的了。另外，有的科学家正在培育防止霍乱产生的转基因苜蓿。他们将霍乱的抗原基因导入苜蓿中，当人们食用这些转基因苜蓿以后，就可以获得对霍乱的免疫力。苜蓿苗不仅物美价廉，而且可预防霍乱，一举两得。现在人们正在试验的还有可防龋齿的烟草、防止白喉的土豆等。

培育食用植物疫苗有许多好处，它不仅能够提高人们的保健水平，而且不需要注射器，不但可以免受打针之苦，还可以避免注射器传染疾病的危险。

转基因作物

　　转基因作物是利用基因工程将原有作物的基因加入其他生物的遗传物质，并将不良基因移除，从而造成品质更好的作物。通常转基因作物，可增加作物的产量、改善品质、提高抗旱、抗寒及其他特性。世界上第一种基因移植作物是一种含有抗生素药类抗体的烟草。

基因工程的美好畅想

　　基因工程将层出不穷地培育出动植物新品种，各种小麦、水稻、玉米等作物不仅高产、抗逆性强、能固氮，还含有比大豆、花生更丰富的蛋白质；土豆、甘薯不仅抗病虫害，还含有与肉类相当的蛋白质；五颜六色的蔬菜不但抗病虫，而且需要什么时候成熟，就能什么时候成熟上市，四季均可供应；高产抗病虫害的粮食和棉花等作物均能在盐碱地和干旱地区生长，使荒地变良田。将来的烟草不再含尼古丁，制成的香烟无毒害，而且烟草还可成为蛋白质的重要来源；今后的新甜料（甘蔗、甜菊等）含热量低，将为不宜食糖的人带来甜蜜。大田里将大量种植生产石油、酒精、塑料和医用药物的作物，成为工业能源和原料的基地；工厂里用水果的果肉细胞进行培养，只长果肉，不长果皮，更不需要长根、茎、叶，直接就可以制成鲜美的果酱和果汁饮料。快速脱毒的组织培养技术，将为大地绿化、美化提供大量特优、抗逆性强的花草、果木和树苗。更引人注目的是育种工作者利用 DNA 重组技术，把所需的性状直接地"设计"入种子，用这种方法培育的多个植物常被称为转基因作物，可以使自然界中不可能发生的杂交成为可能，使新的作物带有多种优良性质。

基因技术、胚胎工程，将使家畜、家禽的肉、蛋、奶产量成几倍、几十倍地增长。一头优良种公牛可使 10 万头母牛怀胎；优质奶牛的产乳量成倍增长，奶牛饲养量可大幅度减少；从一个小小的胚胎可以繁殖出一大群几乎一模一样的高产牛（羊、猪）来；"超级动物"、"微型动物"都可以按人的需要选择饲养；借胎生子，可使数十种濒于绝种的大熊猫、金丝猴等珍稀动物继续繁衍后代。21 世纪，基因移植将改变某些动物的受精方式、动物外形和活动规律，一些性状不同于现有的家畜、家禽、鱼类将陆续问世。基因重组的微生物能在发酵罐里生产出不带壳的鸡卵清蛋白，产量比母鸡要高出许多倍；牛羊等"动物制药厂"能生产人类蛋白、激素、抗体等产品，将成为医治人类疾病的重要药物；在发酵罐里合成的纤维和蚕丝，将成为人们生产时装面料的最新原料。